KB024849

41인의 여성지리학자,

세계의 틈새를 보다

41인의 여성지리학자,

세계의 틈새를 보다

한국여성지리학자회 지음

푸른길

41인의 여성지리학자,

세계의 틈새를 보다

초판 1쇄 발행 2011년 8월 22일
초판 2쇄 발행 2012년 12월 21일

지은이 한국여성지리학자회

펴낸이 김선기
펴낸곳 (주)푸른길
출판등록 1996년 4월 12일 제16-1292호
주소 (137-060) 서울시 서초구 방배동 1001-9 우진빌딩 3층
전화 02-523-2907
팩스 02-523-2951
이메일 pur456@kornet.net
홈페이지 www.purungil.co.kr

ISBN 978-89-6291-168-8 03980

책값은 뒤표지에 있습니다.

이 도서의 국립중앙도서관 출판시도서목록(CIP)은 e-CIP홈페이지(http://nl.go.kr/ecip)에서
이용하실 수 있습니다.(CIP 제어번호 : CIP2011003275)

CONTENTS

2 인도, 동남아시아, 오세아니아의 틈새를 보다

4 유럽의 틈새를 보다

머리말

여성지리학자들의 해외여행기라는 조금은 이색적인 책을 펴내며

본서는 지리학을 전공한 여성학자들의 모임인 한국여성지리학자회 회원들의 해외 지역 답사기를 모아서 엮은 것이다. 평소 현장 답사를 중요시하는 지리학의 특성상 지리학자들은 국내뿐 아니라 해외의 여러 지역을 답사하게 되며, 전문적인 지식을 갖추었기 때문에 동일한 지역을 다루어도 일반인과는 다른 시각으로 볼 수 있다는 장점을 지니고 있으나, 지리학자가 쓴 여행서는 많지 않은 편이다.

최근 여행에 대한 수요가 증가하고 여행의 기회가 잦아지면서 여행서에 대한 관심도 높아지고 있다. 기존의 여행서들을 살펴보면 지역에 대한 실질적이고 단편적인 지식, 혹은 개인적이고 감상 중심인 여행서가 주를 이루는 것을 볼 수 있다. 이에 회원들 사이에서 해외 지역에 대한 비교적 상세하고 깊이 있는 이해를 원하는 이들에게 길잡이가 될 수 있으며, 기존의 여행서와는 차별화된 여행서를 출간해 보자는 의견이 제시되곤 하였다. 실제로 라틴아메리카, 미국 서부 지역에 대한 지리교사들의 여행서와 아일랜드, 하와이 등에 대한 지리학과 교수들의 전문적인 기행서는 이러한 의도를 잘 살린 것이며 독자들의 반응도 호의적이었다. 따라서 여성지리학자회도 뜻을 모아 각자의 답사 경험을 반영하여 좀더 광범위한 해외 지역을 다룬 여행서를 출간하기로 한 것이다.

최근 관광 분야에서는 특정한 장소 자산을 바탕으로 비교적 소수의 사람들이 관람을 하는 새로운 관광 형태인 틈새 관광(niche tourism)이 떠오르고 있다. 유명한 관광지를 다수의 관광객이 방문하여 비슷한 것을 느끼고 돌아오는 대중 관광과는 차별화하여 개인적이고 깊이 있으며 색다른 여행을 원하는 이들이 증가하면서 틈새 관광의 인기 또한 나날이 높아지고 있다. 이러한 관광의 최신 경향을 반영하여 본서는 여성지리학자 40여 명이 개인적으로 여행을 다녀온 해외 지역 중 우리나라에 비교적 알려져 있지 않은 지역을 중심으로 1편 이상의 여행기를 작성하여 이를 수합하였다.

본서의 구성은 일반적인 세계 지역의 구분을 따라 대륙별로 이루어졌다. 비교적 우리나라에 덜 알려진 지역을 우선적으로 선정하되 서술 양식은 각자의 재량에 따라 하였다. 따라서 매우 학술적인 깊이를 지닌 글도 있고 지역에 대한 소회가 주를 이룬 글도 있다. 한 국가에 대해서도 여러 사람이 집필하였기에 전공에 따라 글의 초점이 달라지기도 하였다. 그러나 이러한 본문의 특색을 되도록 살리기로 하였는데, 이러한 각자의 특성이 드러난 글들이 본서의 특색이 될 수 있다고 생각하였기 때문이다. 이 책이 나오기까지는 많은 사람의 수고가 있었다. 우선 공사다망하신 중에 정성껏 원고를 작성해 주신 41명 저자 전원에게 진심으로 감사드리며, 본 여행서 기획에서부터 원고 수합, 편집에 이르기까지 모든 일을 도맡아 했던 김희순 박사에게 특히 고마움을 표한다. 무엇보다도 본인 자신이 여성지리학자이시며 바쁘신 중에도 기꺼이 이 책의 출판을 맡아 주신 푸른길 김선기 사장님과 자유분방한 원고들을 한 권의 책으로 엮으시느라 많은 노력을 기울이신 이유정 담당자님을 비롯한 관계자 여러분께 감사드린다. 여성지리학자들이 다양하면서도 섬세한 시각에서 집필한 여행서이니만큼 독자들에게도 유익하면서도 색다른 재미를 안겨 줄 멋진 책이 되기를 기원한다.

한국여성지리학자회 회장

김부성

Part 1

동아시아의 틈새를 보다

중국, 푸동지구 야경

몽골의 올랑이데

지신허 마을터 기념비

몽골

지신허 마을

중국

일본

타이완

티베트의 '룽다'

일본, 가나자와

Travel 1

일본, 잘 알 듯 하면서도 모를 나라

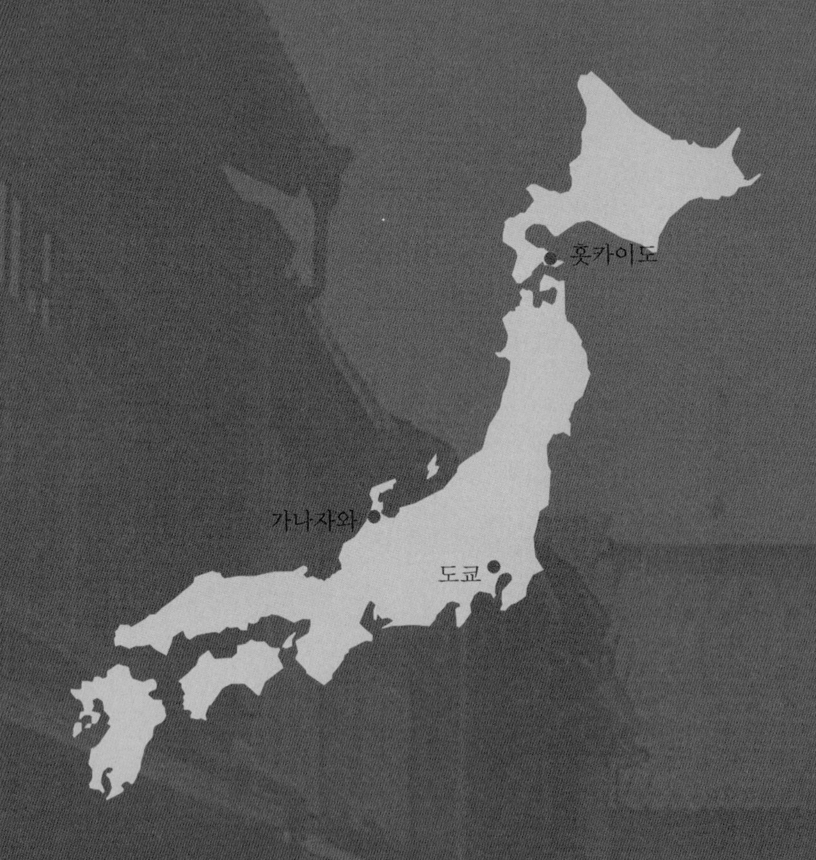

도쿄 도심부의
넓은 녹지 면적

도쿄의 금싸라기 땅에는 빌딩이 아니라 공원이 있다

도쿄東京가 세계 도시 속에서 차지하는 위상을 모르는 사람은 별로 없을 것이다. 그 경제적 영향력과 첨단 기술력, 현란한 도시 문화에 대해 다양한 매체와 실제 경험을 통해 많이 접해 보았기 때문이다. 좀 더 자세히 아는 사람들은 세계에서 지가 문제가 가장 심각하고 생활 물가가 가장 비싼 곳 중의 하나라는 것까지 알고 있다.

그런데 체류할 때마다 첨단의 도시, 땅값 비싼 곳에 걸맞지 않게 도시 내 곳곳에 남아 있는 전원 풍경에 심히 고개가 갸웃해지곤 했다. 도심부 전철 주변 주거 공간에 자연스럽게 붙어 있는 묘원을 보면 당혹스럽기까지 하다. 여러 매체를 통해 본 도쿄는 항상 고층 건물이 빽빽한 첨단의 모습만을 보여 주고, 관광객도 볼거리와 먹을거리가 많은 곳만 돌다 오기 때문에 도쿄의 이미지가 그렇게 고정된 것이 아닐까? 아니, 세계적 이슈로 떠오르는 도쿄의 사건들은 거의 이 첨단의 공간에서 발생하기 때문인지도 모른다.

전철 역사에는 각 지역의 볼거리를 홍보하는 광고지들이 항상 비치되어 있다. 특히 꽃이나 곤충 축제가 빠지지 않고 소개되는데 축제 장소는 공원일 경우가 많다. 입장료도 필요 없고, 교통비만 있으면 도시락을 준비하여 꽃놀이도 하고 다양한 시설을 즐기며 하루 종일 실컷 시간을 보낼 수 있다. 각기 특징이 있는 다양한 공원 탐방은 아주 즐거운 시간이었다. 10여 년 전만 해도 우리나라 도시에서는 쉽게 접근할 수 있는 도심 내 공원도 흔치 않았고, 있더라도 좀 더 다양하게 즐기려면 입장료를 내야 하는 곳이었기 때문에 도쿄의 공원은 참 부러운 도시 공간이었다. 그런데 나중에 알고 보니 도쿄만이

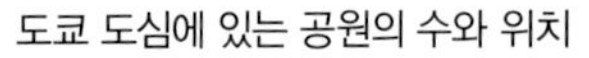
도쿄 도심에 있는 공원의 수와 위치

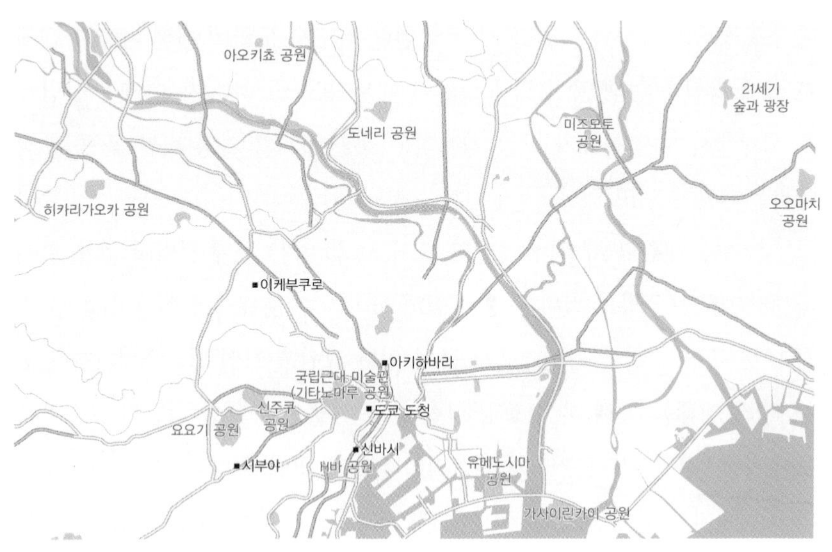

1. 꽃창포

2. 공원 속의 생태 환경

아니라 일본에서 도시 공원은 매우 중요한 의미가 있었다. 지진이 잦은 일본에서는 공원도 대피 공간으로서의 중요한 역할을 담당하고 있기 때문에 가능한 많이 확보할 필요가 있는 공간이었다(도쿄에만 이러저러한 공원이 9000여 개 있다). 물론 그 때문만은 아니다. 과거 귀족층이 누리던 감탄스러운 정원 문화의 전통이 남아 있으며, 또 유럽의 문물에 심취했던 일본인이 100년이 넘는 도시 계획의 역사 속에서 공원도 도시 삶의 한 부분이라고 생각하여 일찍부터 도시 계획에 포함하여 조성해 왔기 때문이다. 과거 왕족과 귀족층이 개인적으로 누리던 정원 문화는 이제 약간의 입장료만 내면 누구나 향유할 수 있는 공간이 되었다. 거대한 자연인 산과 강과 호수들을 좁은 공간에 오밀조

밀하게 표현해 놓은 에도 시대의 정원 고이시가와코라쿠엔小石川後樂園, 리쿠기엔六義園 등은 아름다울 뿐만 아니라 그들의 풍류와 문화에 대해 여러 가지 생각을 하게 한다. 본래 지배 계층의 주거지 내에 있던 정원이었던 만큼 도심부에 있어서 접근도 쉽다.

도쿄 도심부의 공원은 지진 대피 장소와 같은 실용적인 목적 외에도 상당수의 노숙인들을 품어 주고 있었다. 큰 공원의 귀퉁이마다에는 꼭 2~3개의 청색 천막 텐트가 있었다. 빨래도 널려 있곤 했다. 1995년 체류 당시에는 그 천막이 아름다운 공원과 여유롭고 활기찬 공원 이용자들과는 어울리지 않아 보였다. 그러나 1997년 한국에 IMF 경제 위기가 닥치고, 노숙인들이 늘고 있다는 보도를 접하자 그 청색 천막이 뇌리에 떠올랐다. 지가가 높은 도쿄에서 임대료 없이 머무를 수 있는 1~2평의 공간이 그네들에게 얼마나 다행스러운 공간인가. 사회적 최약자의 이런 생존을 살짝 눈감아 줄 수 있는 여유가 우리에게도 있다면 어떻게 될까?

외국인을 위한 도쿄 생활 안내서를 보면 문화 시설 목록 첫 번째 내용이 공원 소개이다. 박물관이나 미술관은 오히려 맨 나중이다. 볼거리, 즐길거리로 무엇이 있는지, 어떤 운동장이 있는지, 가장 가까운 역은 어디인지 등이 소개되어 있어서 취향에 따라 접근할 수 있다. 인공적 공간이긴 하지만, 삼림이나 하천, 천변 습지 등을 잘 살린 공원들은 생태 환경을 잘 보여 주고 있어 환경 보존은 물론이고 교육적으로도 아주 우수한 공간이다. 도쿄 북동부 끝부분에 있는 미즈모토水元공원은 수향水鄕 경관이 탁월한 곳으로 곳곳에서 크고 작은 수로와 다양한 수생 식물을 만날 수 있고, 다양한 색깔의 꽃창포는 6월 내내 즐길 수 있다.

높이 20m에 달하는 포플러 300여 그루가 줄지어 늘어선 길도, 물가에 날아드는 야생 조류들을 관찰할 수 있는 장소도 재미있다. 또 도쿄 도심부에서 접근하기는 좀 멀지만 도쿄 서부의 다마多摩지역에는 도시화 과정에서 잃어버린 자연들을 되찾기 위한 목적으로 조성된 공원들이 많다. 다양한 야생 조류나 곤충, 작은 동물들의 서식처를 회복하는 것이 곧 인간을 이롭게 한다는 인식에 기반한 공원들이다. 이곳에는 40여 개에 달하는 생태공원이 있다. 야생 조류나 곤충·물고기들을 만날 수 있는 곳, 숲을 산책할 수 있는 곳, 수로나 실개천을 끼고 있어서 아이들이 자유롭게 물놀이를 하며 수생 생물을 만날 수 있는 곳, 농촌 경관이 그대로 살아 있는 곳 등 인공물을 최소화하고 자연을 그야말로 자연스럽게 만날 수 있는 곳들이다.

많은 공원의 운영이나 관리 작업에는 공무원 외에도 다양한 자원 봉사 단체가 참여하고 있다는 것도 부러운 점이다. 도시 구조상 필요한 공간이고, 시민의 삶의 한 부분이며, 미래 세대에게 남겨 줄 환경·문화 유산으로서도 가치 있는 공간인 공원을 다시 보는 계기가 될 것이다.

이현욱 전남대 지리학과 교수

역사도시 가나자와

가나자와에는 에도 시대의 정취가 그대로 남아 있다

일본 서쪽 해안 정중앙에 위치한 인구 45만의 성하 도시城下町(에도 시대 때 영주가 거처하는 성을 중심으로 그 주위에 발달한 시가) 가나자와金沢는 에도 시대의 정취를 그대로 간직해 일본 내의 작은 교토라 불리고 있으며, 역사적인 정취를 찾는 일본인 관광객들이 많이 방문하는 고풍스러운 도시이다. 일찍부터 풍부한 물자를 바탕으로 전통 공예를 꽃피웠으며, 시청을 중심으로 가나자와 성과 일본 3대 정원 중 하나인 겐로쿠엔兼六園, 사무라이 마을 등이 모두 도심 내 도보 거리에 위치해 있다. 이 외에도 가나자와 시를 대표하는 전통 관광 자원으로 에도 시대 때 무사들과 게이샤들이 여흥을 즐기던 곳을 그대로 보존한 히가시차야가이東茶屋街가 있는데, 일부 가게에서는 아직도 영업을 하고 있다. 그러나 이처럼 잘 보존된 전통 거리를 돌아 나오면 바로 높고 화려한 건물과 쇼핑가로 이루어진 가타마치片町에 자연스럽게 연결된다. 또한 눈이 많이 오는 겨울철에는 도로에 설치된 스프링클러에서 온천수를 뿜어 제설 작업을 벌일 정도로 현대적인 감각을 갖춘 곳이 가나자와이다.

가나자와 시는 일본 내에서도 손꼽히는 역사 도시이다. 그 시작은 1583년 무장 마에다 도시이에前田利家가 집권하면서부터인데, 그의 가나자와 입성을 기념하는 축제인 '햐쿠만고쿠마츠리百万石祭り'가 매년 6월에 개최되고 있다.

당시 마에다 가문은 쌀 100만석을 수확할 수 있는 광활한 영토를 갖고 있었는데, 이는 700만석 규모의 막부 다음 가는 규모였다고 한다. 그러나 막부의 견제를 두려워한 마에다 가문은 정치에는 전혀 뜻을 두지 않는다는 것을 보여 주기 위해 장인들을 우대하고 철저한 문화 정책을 펼쳤다. 이 덕분에 구타니야키九谷焼き(도자기), 가가유젠加賀友禪(기모노 옷감), 가나자와 금박 공예 등 전통 공예가 크게 발달하였다. 게다가 다행스럽게도 일본의 많은 도시들과 달리 이 역사 도시는 큰 지진이나 전쟁의 피해를 겪지 않았기 때문에 에도 시대의 정취가 그대로 보존될 수 있었다.

사실 가나자와 시는 우리에게 그다지 친숙한 도시는 아니었다. 필자가 일한문화교류기금의 지원으로 가나자와 대학에서 박사 후 연수 과정을 보냈던 2005년만 하더라도 국내에서 가나자와 시에 대해 제대로 알고 있는 사람들은 손에 꼽았을 정도였다. 그러나 최근 몇 년 사이에 소위 '문화쟁이들' 사

하쿠만고쿠마츠리 퍼레이드 중

이에서 가나자와 시는 꼭 한번 방문해야 하는 문화 도시로 떠오르고 있다. 만약 과거의 모습과 전통 공예를 보존하고 계승하는 것에 안주했더라면, 가나자와 시는 일본의 여타 역사 도시들과 별반 다를 것이 없었을 것이다. 그러나 가나자와 시는 역사 도시로만 머물기를 거부하고 살아 있는 현대 문화를 발전시키기 위해 노력하고 있으며, 그것이 현재 가나자와 시를 가장 매력적으로 만드는 요소가 되고 있다.

그 대표적인 예가 2004년에 건립된 가나자와 21세기 현대 미술관金沢21世紀美術館이다. 가나자와 성과 겐로쿠엔 등 전통 유산이 밀집해 있는 도심부 시청 앞 광장에 세운 이 미술관은 건립 이전부터 많은 반대에 부딪혔다고 한다. 많은 사람들은 전통미를 살려야 하는 도심부에 현대적인 건물을, 그것도 수익성을 기대하기 어려운 현대 미술관을 세운다는 것을 이해하지 못하였다. 그러나 현대 문화를 진흥하고 쇠퇴하는 도심부를 활성화하고자 했던 가나자와 시는 적극적으로 시민들을 설득하였고, 현재 이 미술관은 가나자와를 대표하는 개방적인 예술 공간으로 확고히 자리매김하고 있다.

도심부 인근에 위치한 방적 공장을 '시민 예술촌'으로 탈바꿈시킨 것 역시 가나자와 시가 현대의 문화를 살리기 위해 애쓰는 또 다른 사례이다. 이는 섬유 산업의 쇠퇴로 문을 닫은 방적 공장을 가나자와 시가 사들여 시민 연습실과 작업실로 개조한 것으로, 연중 24시간 누구나 예약만 하면 저렴하게 이용할 수 있다. 가나자와 시는 시민 3명 중 1명은 예술활동을 하고 있다고 할 정도로 창조적 열기가 높은 곳으로, 필자 역시 이곳에서 일본인들로 구성된 풍물패인 '한누리'의 공연 연습에 참여할 기회가 있었다. 넓고 깨끗한 연습실들과 공원처럼 잘 조성된 야외 공간에서 시민들이 공연, 연주, 조각 등 다양한 예술 활동을 자연스럽게 하는 것이 매우 부러웠던 것을 기억한다.

21세기 현대 미술관이나 시민 예술촌은 가나자와 시가 과거의 유산을 보존하는 데 안주하지 않고 이를 현대 사회에서 어떻게 창조적으로 발전시킬 수 있을까 꾸준히 고민하고 있음을 보여 주는 일부 사례에 불과하다. 과거와 현대의 독특한 공존이 자칫 고리타분할 수도 있는 역사 도시를 어떻게 창조적인 문화 도시로 변화시키고 있는지 궁금한가. 가나자와에 가 보자.

백선혜 서울시정개발연구원 연구위원

홋카이도를 가면 아마추어도 프로 못잖은 사진 작가가 된다

홋카이도는 일본에서 가장 북쪽에 있으며 우리나라 북쪽 끝에 있는 두만강보다 더 북쪽에 위치한 섬이다. 광활하면서 독특한 자연 환경이 예술적이면서도 환상적인 풍경을 빚어내며, 우리가 생각하는 일본의 현대 모습과는 아주 색다른 모습을 간직하고 있다. 홋카이도는 많은 눈과 추운 겨울로도 유명하여, 삿포로札幌는 눈축제의 도시로 세계인의 이목을 끌고 있기도 하다.

겨울이 몹시 춥고 주변 태평양의 영향으로 겨울에는 눈이 많이 내리지만 여름에는 다른 지역보다 시원하여 일본에서 가장 많은 밀과 감자를 생산한다. 또한 넓은 초원의 발달로 낙농업이 발달하여 아이스크림과 우유의 달콤한 맛으로 세계인의 입맛을 모으고 풍부하게 생산되는 밀과 호밀로 세계적인 맥주 맛을 선보이고 있기도 하다. 그리고 주변의 청정 해역에서 잡혀온 대게는 홋카이도로 세계의 미식가들을 불러 모으고 있다.

홋카이도의 선주민은 일본 본토 민족과는 다른 아이누 족으로 알려져 있다. 스스로 아이누アイヌ, 즉 인간이라 부르던 그들은 키가 작고 몸에 검은 털이 많으며 일본어가 아닌 아이누 어를 사용한다. 현재는 약 1만 5000여 명 정도가 혈통을 이어가고 있으며 대부분 관광객을 상대로 공예품 판매, 민속

1
2
3

1. 아이누 족의 민속춤 공연 모습
2. 후라노 사진
3. 오타루 운하

공연, 농업, 수산업으로 생계를 이어가고 있다.

삿포로는 도시이면서도 자연이 함께 어우러져 있어 아주 시골 같은 매력적인 도시라고 볼 수 있다. 옛날 홋카이도에 살고 있던 아이누 족의 언어로 삿포로는 '건조하고 넓은 땅' 이라는 뜻이라고 한다. 일본의 가장 북쪽에 위치한 홋카이도의 중심지이며 일본의 5대 도시(도쿄, 오사카, 후쿠오카, 나고야, 삿포로)의 하나로 1869년 대규모 황무지 개발에 착수한 이래 눈부신 발전을 거듭하고 있다.

특히 자연을 그대로 담은 많은 공원과 넓은 초원, 바둑판 모양으로 잘 정비된 거리는 일본의 어느 다른 도시와는 색다른 삿포로만의 특징이다. 특히 세계적인 삿포로 눈축제가 인상적이다. 1950년대부터 시작된 삿포로 눈축제는 오늘날 세계인들이 추운 겨울을 즐기면서 한번쯤 보고 싶어 하는 겨울

아이누 족의 민속 공예 작품 제작 모습

축제로 자리잡았다. 그리고 쾌적한 자연 환경과 전통 문화를 보존하는 지역민들의 지속적인 노력으로 현재는 일본인이 가장 살고 싶어하는 도시로 인기를 모으고 있다.

후라노富良野는 홋카이도의 배꼽이라고 불리는 중심부에 위치하여 아름다운 자연과 목가적인 분위기를 풍기는 도시이다. 이곳은 아름다운 자연을 카메라에 담고 싶어 하는 사진 작가들이 가득한 곳으로 들판의 색도 화려하다. 꽃, 밀, 수수, 감자밭이 어우러진 이색적인 자연 지대가 펼쳐져 있다. 수수밭은 진홍빛의 붉은색, 밀밭은 노란색, 그 너머 푸른 감자밭이 펼쳐진다. 색과 색의 대비가 마치 물감으로 그림을 그리듯 오색 무지개처럼 아름다운 수채화와 같은 곳이다. 그래서 아마추어 사진 작가들도 카메라만 들이대면 작품이 된다고 한다.

홋카이도 서부에 있고 100여 년 전부터 홋카이도의 현관으로 발전하기 시작하였던 오타루小樽를 들여다보자. 은행과 기업이 진출하면서 '북부의 월가Wall Street'라 불리웠으며, 지금도 과거 융성했던 물류 운반의 흔적으로 운하가 있고, 벽돌과 석조로 된 창고 등을 볼 수 있다. 유리 공예점, 수산물 판매점 등이 영화 러브레터Love Letter(1995)의 장면을 떠올리며 이곳을 찾는 관광객을 불러들이고 있다. 오타루는 무엇보다도 "오겐키데스까?"라고 외치는 러브레터의 여주인공, 와타나베 히로코가 연인 후지이 이츠키를 부르는 소리가 지금도 들리는 듯한 영화 같은 분위기의 지역이다. 그래서인지 해질녘 노을을 바라보며 운하를 걷는 연인들의 모습이 더 아름답게 보였다.

김다원 까치울 중학교 교사

사라져 가는 홋카이도 원주민의 삶

…그래서 그네는 영원히 더 부(富)하여짐이 없이 점점 더 가난하여진다. 그래서 몸은 점점 더 약하여지고 머리는 점점 더 미련하여진다. 저대로 내어 버려두면 마침내 홋카이도의 '아이누'와 다름없는 종자가 되고 말 것이다….

無情, 이광수, 1918

홋카이도의 원주민 중 하나인 아이누 족의 '아이누アイヌ, AINU'는 신성한 존재 '카무이'에 반대되는 말로 '인간'이라는 의미의 방언이다. 이들은 진한 피부색, 곱슬머리, 크고 쌍꺼풀진 눈, 높은 코 등 얼굴 윤곽이 뚜렷해서 일본인과는 다른 외모를 가지고 있다. 이러한 아이누 족은 홋카이도, 쿠릴 열도, 캄차카 반도, 사할린 섬 등에 거주하는 민족으로 유럽 인종에 몽고 족의 피가 섞인 민족이라고 할 수 있다. 아이누의 생활 기반은 기본적으로 수렵, 어로, 식물 채집이었는데. 아이누 족은 연어를 '신이 내려준 선물'이라고 여겼으며 중요한 식량 자원과 의복의 재료로 사용해 왔다. '치세チセ'라고 불리는 아이누의 전통 가옥 내부에는 연어를 매달아 놓아 집안에 피운 불로 인해 자연스럽게 훈제가 되도록 하였다. 전형적인 아이누 가옥은 한 칸뿐이고, 서쪽에 현관을

아이누 족의 전통가옥 치세

겸한 토방 하나가 있고, 거실 동쪽에 신성한 신창神窓을 설치하였다. 아이누 족은 인간에게 관계가 있는 것이라면, 자연물과 인공물 모두에게 영적인 것이 존재한다고 믿고 있었다. 또한 인간도 죽으면 신이 되고 역시 신의 나라로 가버리기 때문에 정중하게 보내는 행사를 하는 것을 장례식이라고 여겼다. 아이누의 유명한 '곰 축제' 행사도 이러한 보내기 행사의 하나인데, 옛날 아이누에서는 이것을 카무이오만테Kamui omante 즉 곰 보내기라고 하였다. 이는 산속에서 곰 새끼를 집에 데리고 와서 소중하게 1~2년 키운 후, 충분히 성장한 겨울날을 골라서 '이제 너를 신의 나라로 돌려 보낸다'라고 기도하고 화려한 축제를 벌여 그 새끼를 신의 나라로 보내는 행사다.

아이누 족의 전통 악기 뭇쿠리

이러한 아이누 족은 메이지 유신 이래 동화 정책과 일본인과의 혼혈에 의해 현재는 인종적 특질과 고유한 문화를 많이 잃어버렸다. 이렇게 사라져 가는 아이누 족의 전통 생활과 민속 공연을 관람할 수 있는 대표적인 곳이 1990년 만들어진 삿포로 근처 포로토 호수 옆에 있는 아이누 박물관이다. 이곳에서는 아이누 족의 문화와 생활을 볼 수 있도록 집이나 각종 생활 도구 등을 그대로 재현해 놓고 있다.

입구에는 16m의 거대한 고탄코르쿠르상이 있는데 오른손에는 '이나우'라는 것을 들고 있다. 이것은 마을의 안전과 이곳을 방문하는 사람들이 행복할 수 있도록 기원하는 것이라고 한다. 야외 박물관에는 5개의 주요 가옥, 식량 창고, 통나무배, 아기 곰의 사육 우리들을 복원해 놓았고, 아이누 민족

아이누 박물관 입구

박물관에는 아이누 민족의 역사와 문화에 관해 전시해 놓았다. 또한 아이누 고전 음악과 무용이 상시 공연되고 있고, 아이누 족의 후손이 그들의 삶에 대해 구체적으로 설명해 주고 있다.

임은진 공주대 지리교육과 교수

Travel 2

몽골, 현대적 변화를 꿈꾸는 유목민들이 사는 나라

잘 익혀진 허르헉

고비 사막, 야채 없는 생활에 익숙해져야 하는 곳

서울의 고층 빌딩과 사람들의 붐빔, 여기저기서 들려오는 소음, 밤에는 변하는 익숙한 네온사인을 뒤로 한 채 떠났던 몽골이 주는 대지의 광활함은 아직까지도 나의 가슴속에 전해져 오는 듯하다. 우리는 시가지와 도시적 문명들에 너무나도 익숙해져 있지만 몽골 인들에게는 고원 국가로 비교적 고도가 높은 산들과 국토 총 면적의 21%를 차지하는 고비 사막이 익숙하다. 처음 몽골에 도착했을 때는 자연이 주는 광활함에도 놀랐지만, 사람들의 외형이 우리와도 너무나 흡사해 한국에 와 있는 듯한 착각이 들기도 했다. 괜히 '몽고반점'이라는 말이 나온 건 아니었던 것 같았다. 하지만 자연이 주는 제반 여건이 다르기에 그들의 풍습은 우리와는 너무도 다르고 새롭게 보였다.

몽골 인들의 생활은 주로 그들에게 주어진 자연 환경과 관련이 많은데, 현재는 한국을 경제 성장의 모델로 삼아 각고의 노력을 하고 있지만 유목 생활도 빼놓을 수가 없다. 울란바토르庫倫등 도시적 성향을 띠지 않는 곳에서는 토지의 경작이 불가능하여 채소의 섭취가 불가능한 몽골 인들은 주로 육류와 유제품으로 생활을 영위해 간다. 흥미로운 점은 이런 식습관에도 불구하고 병에 걸리는 사람이 드물다는 것이다. 필자는 이런 몽골 음식들에 관심을 가지게 되었는데, 그 이유는 음식도 그 나라의 문화의 일부를 대변하기 때문이다.

답사할 때마다 그 지역의 음식을 맛본다는 것은 이 지역에 대한 이해를 돕는다는 이점만 주는 것이 아니다. 말하자면 답사의 꽃이 아닌가! 또한 지리를 공부하는 학생으로서 한 나라의 문화를 더 잘 알고 싶어 하는 욕망은 피해갈 수 없는 당연한 이치였다. 몽골에 온 이상 몽골 음식을 경험하는 것은 몽골을 이해하는 하나의 방식이었고, 짧은 시간이나마 그들의 삶 속에 나를 동화시키고 싶었다. 나는 15일 동안 몽골 전통 가옥인 게르에 현지인들과 머물면서 조금이나마 유목민의 삶을 체험할 수 있었다. 일반적으로 몽골 음식하면 양고기를 가장 많이 떠올릴 것이다. 하지만 유목민이라고 해서 일년 내내 고기만을 먹고 사는 것은 아니다.

몽골 초원민의 식탁은 '하얀 음식'과 '빨간 음식'으로 채워진다. 하얀 음식은 가축의 젖으로 만든 각종 유제품을 총칭하는 말로 차강이데白食라 하며, 청렴과 진심을 상징하는 것이다. 여름에서 가을까지 충분히 짜낸 우유로 여러 가지 유제품을 만들며, 유제품은 보존 식품으로 1년 내내 먹는 음식이다. 그러나 그 질과 양에서 유제품이 가장 풍성한 계절은 역시 여름이다. 한편, 빨간 음식은 가축을 도살하여 얻는 육류를 총칭하는 말로 올랑이데紅食라 하

1. 우유에서 차강이데를 얻는다.
2. 차강이데

며, 가을에 통통하게 살이 찐 가축을 도살해 혹한기에 대비한다. 따라서 육식이 가장 풍성한 계절은 겨울이다. 몽골 초원민의 식탁은 이와 같이 여름을 정점으로 하는 차강이데와 겨울을 정점으로 하는 올랑이데라는 명료한 계절성을 갖는 두 가지 주식에 의해 유지되고 있다. 이렇게 몽골 인들은 혹독한 기후 조건 때문에 겨울에 많은 열이 발생하는 지방의 섭취가 필요하다. 따라서 주로 유제품과 고기로 필요한 지방과 비타민을 보충해 왔으며, 모두가 가축이 그들에게 주는 큰 선물이다.

몽골 인들은 한국을 솔롱고스solongos라고 부른다. 솔롱고스는 그들 말로 '무지개'라는 뜻이다. 몽골 친구들은 한국에서 왔다고 하니 친척들이나 중요한 손님이 오면 대접한다는 허르헉Horhug이라는 음식을 내주었다. 조리 과정을 보여 달라는 내 성화에 몽골 친구는 보면 먹기 힘들 것이라고 염려하면

1	2

1. 가축을 잡아 고기를 손질하는 모습　2. 허르헉

서도 웃으면서 기꺼이 보여 주었다. 허르헉은 몽골의 대표적인 요리로 과거 솥을 가지고 다니기 힘들던 유목민 시절에 가죽 부대에 재료를 넣고 끓여 먹던 방식에서 유래한 초원의 음식이다. 우리나라의 찜과 비슷한 이것은 말고기, 양고기, 염소고기 등을 먹기 좋게 잘라 야채와 소금과 함께 큰 솥에 넣고 뜨겁게 달군 돌을 넣어 익히는 점이 특이했다. 이 상태로 한두 시간 정도 푹 익히면 완성된다. 처음 접하는 양고기에서는 약간의 노린내가 났지만 기름기가 거의 없어서 부담없이 먹기에 좋았다. 노을져 가는 푸른 초원에서 허르헉과 40도 정도의 보드카를 한잔 하고 나니 내 몸 속까지 유목민의 피가 흐르는 듯 전율이 느껴졌다.

저녁을 먹고 나니 친구는 몽골에서 이것들을 먹고 가지 않으면 몽골에

안 온 것과 같다며 나에게 디저트를 내주었다. 친구가 들고 온 것은 큰 통에 가득 찬 하얀색을 띤 음료, 마유주였다. 말의 우유를 발효시켜 만든 음료다. 몽골 인들은 이 음료를 물같이 자주 마신다고 한다. 말의 몸에서 흘러내린 우유를 가죽 부대에 담아 젓고 저으며 여름과 가을을 보낸다. 몽골 인들은 어린 시절부터 마유주를 한번 저을 때마다 100~300번 가량 저으며 말의 몸에서 흘러내린 체액으로 인간이 살아가는 법을 배운다. 냄새와 색깔이 우리나라의 막걸리와 같아 거리낌 없이 마셨지만 마유주 특유의 맛은 말로 표현할 수 없을 정도였다. 시큼한 맛과 냄새 때문에 한동안은 차마 목으로 넘기지 못하고 입에만 머금고 있었는데, 낯선 이방인에게 너무나 신경써 주는 그 마음씀씀이가 고마워 결국 다 먹었다. 그 여운과 향기는 몽골을 다녀온 지 몇 년이 지나도 나에게 마유주의 맛을 잊을 수 없게 만들었다.

마유주를 마시며 찌푸린 나의 얼굴을 본 몽골 친구들은 그렇게 먹기 힘드냐면서 과자를 내주었다. 이것은 '아롤'이라 불리는데 우유를 발효시킨 후 끓여서 생긴 덩어리를 말린 일종의 과자이다. 곱게 모양을 뜬 아롤을 3일간 게르 지붕 위에서 뜨거운 여름 햇살에 말리면 겨울 또는 장기 비축 식량으로 좋은 간식거리가 된다. 마유주를 마시고 나서인지 딱딱하고 시큼한 아롤은 종일 씹어 먹어도 질리지 않았다.

여름에는 고기보다 유제품과 마유주를 많이 먹고 마신다. 그것은 두 가지 이유가 있는데, 하나는 풀이 적은 겨울을 대비해 여름에 가축을 보존해 혹독한 겨울을 나기 위한 방책이고, 또 하나는 겨울보다 상대적으로 늘어난 우유를 많이 마심으로써 겨울 동안 고기 음식으로 인해 쌓인 지방을 분해하기 위함이다.

비록 몽골 친구들과 말은 통하지 않지만 같은 몽골족이라는 생각 때문인지 마음과 마음이 통하면서 나는 몽골 유목민의 삶이 마냥 신기하기만 하고, 한국으로 유학가고 싶어 하는 몽골 친구들은 나의 한국 대학 생활이 신기하게만 느껴지는 것 같았다. 한편으로는 몽골 친구들이 부럽다는 생각이 들기도 했다. 왜냐하면 주어진 자연에 순응하고 계절을 느끼며 사는 자연 · 인문적인 그들의 삶의 양식이 건조 환경들로 가득찬 우리들의 삶의 양식과는 너무나도 달랐고, 항상 틀에 짜여진 도시 경관을 벗어나 나의 삶의 양식이 그들 삶의 양식에 흡수되는 것처럼 느껴졌기 때문이다.

낮에는 한없이 푸르른 하늘과 끝이 보일 것 같지 않던 초원이 주는 대자연의 싱그러움에 빠져들었다면, 밤에는 수없이 많은 별들과 야생의 울음소리를 들으면서 내일 아침 초원 위에 해 뜨는 모습을 상상할 수 있던 몽골. 모락모락 피어오르는 연기가 천장으로 빠져나가는 모습을 바라보며 유목민의 삶이 묻어나는 게르에서 잠이 들던 그 때를 추억해 본다.

송효진 국토연구원 연구원

홉스골 호수, 캐시미어 장갑의 온기가 있는 곳

몽골을 방문하는 사람들은 끝없이 이어지는 초원에서 푸른 하늘을 배경으로 힘차게 말을 달리는 몽골 사람들을 보며 무한한 자유를 잠시나마 느껴볼 수 있다. 흔히 칭기즈칸의 나라로 불리는 몽골은 한반도에 비해 7배나 크며, 약 3백만 명의 인구를 갖고 있다.

한국과 몽골의 공식 외교 수립은 몽골이 오랜 기간 사회주의 체제를 유지해왔으므로 1990년에서야 이루어졌다. 양국 수교 이후 매년 교류가 확대되어 2009년 현재 한국은 대 몽골 3위의 투자국이며, 5위 무역대상국이다. 2008년도에 몽골을 방문한 한국인은 5만 명을 넘어섰고, 현재 3만여 명의 몽골 인이 한국에 체류하고 있다.

보통 여행자들은 방문한 곳에서 개인적으로 소장할 기념품이나 여행 선물로 그 지역의 고유한 민속품 한두 가지를 구입하게 되는데 몽골을 방문하는 사람들이 흔히 기념품으로 접할 수 있는 것은 양가죽으로 만들어진 지갑과 인형, 몽골 전통 악기인 마두금의 모형과 같은 소품, 그리고 캐시미어 니트 제품 등을 들 수 있다. 이중 캐시미어 제품은 그 질이 좋고 상대적으로 가격이 낮아 인기가 많은 편이다.

캐시미어 울은 인간이 얻을 수 있는 가장 좋은 의류 원료의 하나로 '섬유의 보석'이라고도 칭해진다. 몽골의 캉가이Khangai와 고비Gobi 지방에 서식하는 캐시미어 염소의 털을 가공하여 얻어지는 캐시미어 울은 봄철 유목민들이 쇠빗으로 직접 빗질을 해서 모으며, 염소 한 마리당 얻을 수 있는 캐시미어의 양은 평균 0.4kg 정도밖에 되지 않는다고 한다. 회색이나 황갈색을 띠는 순수한 캐시미어 울은 염색 후 섬유로 짜여져 스웨터, 모자, 목도리, 장갑 등의 니트 제품이나 일반 울과 혼방으로 직조되어 코트, 양복 등으로 만들어진다.

몽골은 중국에 이어 두 번째로 캐시미어 울의 생산량이 많은 국가이며, 전 세계 캐시미어 울의 약 25%를 공급하고 있다. 현재 몽골에서 가장 규모가 큰 캐시미어 가공회사는 고비 코퍼레이션GOBI Corporation이다. 이 회사는 국영기업으로 운영되다가 2007년 민영화되었다.

필자가 2004년 7월 몽골을 방문했을 때 안내를 맡았던 몽골 대학생들은 한국어를 전공하고 있어 능숙한 한국말로 여행지를 소개해 주었다. 한 여학생은 대학 졸업 후 한국으로 유학 올 계획을 갖고 있었는데 몽골의 극심한 겨울 추위에서도 따뜻함을 유지해 주기 때문에 자신도 겨울에 캐시미어 장갑을 낀다면서 구입을 권했다.

몽골의 매서운 겨울 추위는 잘 알려져 있다. 북위 42~50도, 북해로부터

몽골의 월평균 기온과 강수량

구분(단위)▼ 월▶	1	2	3	4	5	6	7	8	9	10	11	12
평균 기온(섭씨)	-25	-30	-12	-2	+6	13	+17	+15	+7	0	-13	-22
평균 강수량(mm)	0	0	3	6	12	30	75	55	24	7	5	3

출처: http://www.discovermongolia.mn

약 2,500km, 우리나라 동해로부터 약 1,000km나 떨어진 곳에 위치한 몽골에서는 건조성 냉대 기후가 나타난다. 겨울에는 혹독한 날씨로 평균 기온이 영하 20도를 나타내며, 울란바토르에서도 영하 40도까지 떨어지는 날이 많다.

여름철에도 일교차가 크며, 밤에는 기온이 많이 떨어진다. 필자가 몽골을 방문했던 때는 7월 중순으로 한낮에는 강한 햇볕이 내리쬐어 더웠지만 밤공기는 무척 서늘했다. 필자는 울란바토르에서 몽골 북서부로 이동하여 러시아와의 국경 남쪽에 위치한 홉스골Khövsgöl 호수를 보고 전통 가옥 게르ger에서 이틀 밤을 지냈는데 밤에는 추위를 막기 위해 게르 한가운데 있는 난로에 계속 장작을 넣어 태워야 했다. 몽골 인들은 보통 야크의 배설물을 연료로 사용하지만 관광객들을 위한 난방용 연료로는 장작이 제공된다.

겨울철 강풍과 폭설이 몰아치는 몽골의 혹한 속에서 캐시미어 제품은 단열 효과로 그 진가를 발휘한다. 그러나 이같은 겨울 추위가 캐시미어 염소

홉스골 호수 주변 초원에서 풀을 뜯고 있는 야크

1. 홉스골 호숫가에 관광객 숙소로 세워진 몽골 전통 가옥 게르
2. 게르 내부의 난로와 장작

를 키우는 유목민들에게는 매우 위협적이다. 지난 2000~2001년 겨울, 몽골에서는 강한 눈보라가 몰아쳐 가축 500만 마리가 몰사하기도 하였다. 이렇게 유목민들은 이상 저온과 눈보라로 가축을 잃거나 또는 캐시미어 울의 국제 가격이 폭락함으로써 큰 손해를 입기도 한다. 2009년 4월에는 치솟던 캐시미어 울 가격이 2008년 시작된 글로벌 경제 불황에 의한 수요 감소로 40%나 폭락하기도 하였다. 주변으로 계속 확대되고 있는 사막과 강수량 부족 또한 유목민들에게 어려움을 가중시키고 있다.

필자는 몽골 방문 시 구입한, 좀 투박해 보이지만 따뜻함을 오랫동안 머금는 캐시미어 장갑을 겨울철에 애용한다. 이 캐시미어 장갑의 온기는 안내를 맡아 주었던 몽골 대학생의 해맑은 웃음과 친절함, 그리고 인간이 혹독한 자연 환경 속에서 어떻게 적응해 살아가고 있는지를 다시 한 번 머릿속에 떠올리게 해 준다.

정희선 상명대 지리학과 교수

몽골이 변화하고 있다

몽골은 한반도의 약 7.4배 면적(1,564,116km^2)에 2,701,000명이 거주하는 인구 밀도 2명/km^{2}이 채 안 되는 저밀도 국가이다. 몽골은 러시아 혁명(1917)에 이어 세계에서 두 번째로 공산 혁명을 겪은 후(1921) 70년간 러시아의 영향권하에 놓이게 된다. 1992년 2월에는 공식적으로 자본주의 국가가 되고, 2009년 5월 24일의 대통령 선거를 통해 야당인 민주당의 차히아긴 엘베그도르지 Ts. Elbegdorj 대통령이 취임한다.

몽골의 국토는 해발 고도 1,000~4,000m에 달하는 내륙 깊숙한 고원지대로, 크게 보면 북부의 시베리아 자작나무 숲, 남부의 고비 사막, 그리고 중앙의 광대한 초원으로 구성된다. 연중 260일 정도가 구름이 없는 맑은 날이지만, 입사 광선의 양이 적고 기온의 연교차와 일교차가 극심하여 식물의 생장 기간이 최대 100일에 불과하다. 연평균 강수량은 북부 일부 지역만 500mm를 넘을 뿐 고비 사막 지역은 50mm 정도로 평균 350mm정도에 불과하다. 이와 같이 열악한 자연 조건 때문에 광활한 국토에도 불구하고 농경이 가능한 토지는 1.1%에 불과하다. 따라서 몽골 인들은 전통적으로 계절마다 초지를 찾아 이동하는 유목 생활을 주로 하고, 자연 재해로 가축을 잃은 유

1. 여름 야영지에서 만난 물가의 유목민과 가축

2. 게르의 그림 같은 모습. 몽골 유목민은 가축의 생태적 변화와 습성, 초지의 재생력을 고려하여 친환경적으로 이동을 하면서 유목 생활을 유지해 오고 있다. 계절별 이동 뿐 아니라 하루에도 물과 풀 그리고 기상 상태에 따라 이동 방향을 결정한다. 따라서 극심한 기후와 이동에 적합한 다용도의 게르라는 전통 가옥이 발달하게 된다.

3. 소유자의 문양이 새겨진 말. 몽골 유목민들은 걸음마보다 말 타기를 먼저 배운다고 한다. 이동을 전제로 하는 유목민에게 말은 그들의 가장 중요한 재산이자 삶을 위한 동반자로 가족이나 다름없다.

4. 연료로 사용하는 말린 가축의 분뇨. 땔감이 귀하고, 연료를 운반할 수 있는 교통까지 불편한 초원에서 화력이 좋은 말린 가축의 분뇨는 요긴한 연료이다.

5. 몽골의 전통가옥 게르의 조립 과정. 최근에는 게르의 자재가 규격화되어 원하는 크기에 따라 자재를 구입해 보다 쉽게 게르를 짓는다.

목민들만이 농경을 영위하면서 자연에 대한 최적의 적응 체계를 유지해 왔다. 특히 혹독하고 예측하기 어려운 한파dzud와 가뭄Gang은 유목과 농업에 막대한 영향을 미친다. 최근에는 산불, 가축 전염병, 삼림 병충해까지 빈번하여, 많은 주민들이 추운 겨울에 가축을 잃고 불안한 삶에 시달리고 있다.

유목은 고정된 거주지와 축사가 없이 이동을 하며 가축 사육을 통해 생존하는 방식이다. 몽골 유목민은 전통적인 그들의 사회경제적 단위khot ail를 통해 협력적 분업 체계를 유지한다. 이는 생태적 초지 이용이 가능하도록 가축의 비율을 유지하며, 최적의 유목 패턴을 형성하는 것이다. 즉 이웃과의 협동을 기반으로 하는 가구 중심의 목초지 이용 패턴과 이동 경로를 구성하고 있다.

그러나 공산주의 체제 하에 놓이게 되면서 전통적인 유목 형태는 변화되기 시작한다. 정부는 유목 대신 통제가 용이한 정착 생활을 유도하는 한편, 소수의 가축만 가구별 사유화를 인정하고, 가축 및 그 생산물은 정부 소유로 하는 집단화 정책(1959~1989)을 시행한다. 집단 경제 체제 하에서 정부가 가축의 증산에만 몰두하면서, 소수의 종만을 사육하는 인위적 전문화와 과도한 목초지 이용이 나타난다. 그 결과 초지는 질적인 황폐화와 면적의 감소를 초래하게 된다.

최근에 시장 경제 체제로 변화되면서 정부는 유목민들에게 가축을 재분배하고, 전통적 사회단위khot ail도 전통과 현대가 조화된 형태로 다시 나타난다. 이는 지역의 생태 환경과 조화를 이루는 보다 체계적인 유목으로의 새로운 전환을 의미한다. 따라서 유목민이 보유한 1인당 가축수가 14마리 정도로 다시 증가하고, 일부는 부를 축적하는 등 삶의 안정을 찾아가고 있다.

1	2
3	4

1. 창고용 게르에 저장된 양고기. 유목민들에게 양은 먹는 풀의 종류가 다양하고 눈 속에서도 풀을 찾아 먹을 뿐 아니라, 식료로서도 버릴 것이 하나도 없기에 가장 중시되는 가축 중의 하나이다. 언제나 가족과 같은 마음으로 돌보며, 도축할 때도 경건한 마음으로 한다.

2. 광대한 초원 한가운데 정착한 유목민이 작물을 재배하고 있다. 최근에는 가축 사육과 함께 작물을 재배하는 정착 유목민이 늘고 있다.

3. 가축 시장에서 판매 중임을 알리는 표시. 자본주의 체제 하에서는 유목민들이 직접 도시 시장에 참여하여 가축과 관련 생산물을 판매한다.

4. 수도 울란바토르 주변의 열악한 주거지. 최근에는 가축을 잃고 새로운 일자리를 찾아 도시로 이주하는 유목민이 늘고 있다. 그들은 주로 일용직에 종사하거나 무직 상태에서 도시 주변에 열악한 주거지를 형성한다. 사람 키보다 높은 나무 울타리를 둘러친 독특한 경관은 울타리 없는 광대한 초원의 전통적인 주택 유형과는 대조적이다.

몽골 유목민이 주로 사육하는 가축은 5축이라 불리는 말, 양, 염소(산양), 소, 낙타로, 사육 가축수는 인구수보다도 많은 약 3,500만 마리 정도이다. 5축 중에서 염소는 좋은 풀을 찾는 능력은 있지만 풀을 뿌리 가까이까지 뜯어 먹는 습성이 있으므로, 유목인들은 양보다는 염소의 수를 줄여 최대한 풀의 재생력을 높여 왔다. 그러나 시장 경제 도입 후에 국제 교역이 활발해지면서 가축과 풀의 균형이 다시 문제시되고 있다. 캐시미어 수출 증대로 염소의 상품 가치가 높아지자, 무분별한 염소 방목으로 이어지고 있기 때문이다. 전통적 유목 국가에서 효율적인 초지 활용에 빨간 경고등이 켜지고 있는 것이다.

시장 경제의 도입으로 몽골 주민들은 각국의 문물을 접하게 되는데, 촌락에 거주하던 젊은 유목민들은 유목 외에 다양한 일자리라는 흡인 요소를 찾아 국내외의 도시로 이동하기 시작한다. 특히 2000년에는 폭설과 한파를 동반한 대재앙 초드의 영향으로 대도시로의 인구 유입이 보다 두드러진다. 유목민들은 수백만 마리의 가축을 잃었고, 더욱이 러시아 유목민들이 물건과 가축을 강탈하면서 다수의 유목민들은 새로운 직업을 찾아 아이막aymag(우리나라의 행정단위 도에 해당함)의 중심 도시와 수도 울란바토르로 몰려들기 시작한다. 도시 이주 유목민의 대부분은 도시 근교에서 '하샤바이싱'이라는 열악한 주거지를 형성하게 된다. 하샤바이싱이란 조악한 몽골의 전통 가옥 게르, 판자로 만든 집, 시멘트 가옥 주위에 사람 키보다 높은 나무 울타리를 둘러친 독특한 경관의 주거지이다. 이는 이웃과의 소통을 차단하고 있어서, 울타리가 없는 몽골의 전통적인 삶의 측면에서 볼 때 한번쯤 생각할 문제이다.

몽골은 세계 10대 자원 부국으로, 최근에는 다양한 광물 자원이 발굴되고 있다. 특히 정부는 유목민들에게 정착화를 유도하는 한편, 산업화를 추진하면서 3차 산업의 비중이 꾸준히 증가하고 있다. 사회, 정치적 안정과 함께 외국인 투자도 계속 늘어나면서 해외 관광객의 증가도 두드러진다. 그러나 몽골은 체제 변화, 급속한 경제 발전을 지속하는 가운데 새로운 국면을 맞이하게 된다. 경제 문제뿐 아니라 삼림의 황폐화, 사막화, 도시의 대기 오염 같은 환경 문제, 무엇보다 주민의 삶의 질이라는 측면에서 다양한 문제에 직면하게 된 것이다.

장기적인 측면에서 본 몽골의 경쟁력은 무엇일까? 세계화 속에서 전통은 최고의 경쟁력 자원이다. 그렇다면 몽골의 진정한 경쟁력 자원은 성장의 걸림돌이 될 수도 있는 유목 경제와 유목 문화에서 찾아볼 수 있을 것이다. 체제의 전환은 몽골에 경제적 도약의 발판을 마련해 주고 있다. 그러나 공산체제 하에서 정부에 의지해 오던 유목민들은 치열한 경쟁 중심의 자본주의 사회에 제대로 적응하지 못하고 있다. 더욱이 빈곤의 악순환 속에서 기본적인 삶의 유지와 안전성을 위협받고 있다. 이렇게 본다면, 진정한 발전이 무엇인지, 누구를 위한 발전인지는 깊이 고려해야 할 문제이다.

전경숙 전남대 지리교육과 교수

Travel 3

중국이 가진 잠재력은 어디까지일까

베이징의 우스이 거리五四 大街, 황사 바람 부는 왕후징 거리 옆 한적한 산책로

중국의 수도 베이징은 주周나라 때 계薊라고 불리던 정치 중심지였고 그 후로도 수, 당, 원, 명, 청에 이르기까지 계속 중국의 중심지 역할을 한 도시이다. 베이징이라는 명칭은 명나라 영락제(1420년)때부터 사용되었다. 베이징은 허베이華北 평야의 북부, 허베이華北 성의 중앙부에 위치하며 평야와 산간 지방 교역의 중심지였다. 베이징을 상징하는 꽃은 국화, 월계화이며, 나무는 회화나무, 측백나무라고 한다. 또한 한국의 서울과 위도상의 위치가 비슷하여 낙엽활엽수림 식생대에 속한다. 특히 올림픽 이후 베이징 시 당국은 도심지 곳곳에 '과학 베이징', '녹색 베이징'이라는 기치를 내걸고 있어 도시 녹화 사업을 과학 기술 산업 분야만큼 중요시하고 있다.

베이징은 넓고 단조로운 화북華北 평원에 입지하고 있어 큰 하천이나 수려한 산들도 없기 때문에 자연 경관을 즐기고 싶은 사람들에게 매력적인 곳은 아닐지도 모른다. 특히 화북 평원의 재해라고 할 수 있는 황사 현상까지 겹치면 여행자들의 방문 우선 순위에서 멀어질 수도 있는 도시이다. 그러나 인간이 만든 다양한 건축물과 관습, 독특한 요리와 전통 공예 등 문화 관광적인 요소가 넘쳐나서 여행의 비수기가 따로 없고 추운 겨울도 나름의 볼거

미술 재료 상점과 전기 버스

리가 많다. 오랜 세월 동안 중국의 역사 중심지였던 이 도시의 연륜에 걸맞게 관광 비수기인 겨울에도 매력적인 곳이 넘친다.

어떤 도시에서든 자신만이 좋아하는 특별한 장소를 만들고 그 장소를 자주 방문하며 의미를 부여하는 사람들이 있다. 특히 베이징의 도심에는 수많은 관광 명소들이 있고 중앙 업무 지구에 해당하는 얼환二環에는 걷기를 좋아하는 사람들이 오랜 세월의 흔적을 겹겹이 느낄 수 있는 매력적인 길이 많다. 대표적인 곳이 왕후징王府井 대가라 알려져 있다. 그러나 왕후징처럼 화려하거나 사람들로 붐비거나 저명한 역사적 건축물들이 모여 있는 곳은 아니지만 베이징 시내의 조용한 산책로를 찾고 싶다면 왕후징 거리 북단에서 서쪽으로 형성된 우스이五四 거리는 도시 산책을 좋아하는 사람들에게 추천하고 싶은 길이다. 고궁 박물관(자금성) 후문 주변부터 시작하는데 각양각색의 나무들 사이로 자그마한 기념품 가게 음식점, 화구상 등 낮은 건축물들이 조용히 서 있어

중국 현대 10대 건축물의 하나로 알려진 중국국립미술관

초고층의 웅대한 현대식 건물이 사람을 압도하는 천안문天安門가나 건국문建國門가와는 분위기가 다른 편안하고 조용한 거리이다. 중국 미술관까지의 거리는 외국인 관광객들이 보일 뿐 중국인들이 그다지 많이 모이지 않는 편이라 조용하고 쾌적하다. 인근의 도심지 왕후징 거리와 달리 인산인해를 이루는 곳이 아니어서 여행자들이 생각에 잠겨 걷고 싶은 거리라는 느낌이 온다. 특히 중국 국립 미술관은 중국 현대 10대 건축물로 꼽힐 정도로 아름답고 단아하여 여행자들은 놓치지 않고 미술관 건축물을 카메라에 담는다. 미술관을 중심으로 난 거리 양쪽에는 자그마한 화구상들이 즐비하고 도로에는 전기 버스가 하늘로 난 전기줄을 밀며 지나다녀 매연이 적은 편이어서 쾌적한 도시 경관을 조성한다.

중국 미술관에서 고궁 박물관 후문까지는 도심답지 않게 숲과 꽃으로 어우러진 길이 아늑하여 거리의 공원 사이사이로 사람들이 한가로이 산책하는 모습은 황사 바람 부는 베이징이라 생각할 수 없을 정도로 독특한 분위기를 느낄 수 있는 길이다.

중국 미술관 맞은편 골목길로 들어서면 베이징의 전형적인 후퉁胡洞*이 보인다. 우스이 거리가 단아하고 조용한 현대식 거리라면 그와 대응되는 주변의 골목길은 자동차가 점령하지 못한 과거의 거리이다. 이 후퉁에는 일용품 가게와 국수, 만두 등 간단한 식사 또는 간식을 할 수 있는 가게들이 많다. 가옥은 낡고 길은 좁아 아직도 수레 인력거 등 전근대적인 교통 기관이 이 거리의 주인공 중 하나이다. 그러나 우스이 거리의 전면 도로 주변의 화려한 역사성 그리고 풍요함과는 다른 서민들의 가난하나 소박하고 따뜻한 정감이 느껴지는 거리이다. 만두 가게, 일용품 가게, 작은 실내 장식용 가게 등이 이 골목 저 골목에 자리잡고 있어 호주머니가 가벼운 여행자들이나 중국인들이 편안하고 즐겁게 찾는 곳이다.

우스이 거리는 베이징의 풍요롭고 품격이 있는 문화와 전형적인 서민 문화를 함께 맛볼 수 있는 거리라고 생각된다.

김양자 명지대 강사

* 후퉁(胡洞). 원나라 때부터 형성되었다는 골목과 작은 주택과 상점가들이 있는 곳. 특히 전문 주변의 골목길을 마차나 자전거 그리고 도보로 볼아보는 것은 하나의 관광 코스이다.

상하이 와이탄에서 바라본 푸둥지구 야경

상하이와 선전은 중국의 미래를 품은 경제 개방 지역이다

2005년 여름, 전경련과 조선일보가 사회 교사를 대상으로 기획한 '중국산업 체험단' 선발에 응모하여 8월 14일부터 18일까지 4박 5일 동안 중국의 상하이 上海와 선전深圳을 다녀왔다. 이번 답사는 부상하는 중국 경제에 대한 확인과 거대 도시 상하이, 계획 도시 선전의 모습을 살펴볼 수 있는 좋은 기회였다. 짧은 기간 동안 이루어진 수박 겉핥기식의 답사였지만 인상적인 모습을 중심으로 '신 중화'를 꿈꾸는 중국의 야심을 가늠해 보고자 한다.

우리 나라와 중국은 거리상 가까울 뿐 아니라 역사적으로 긴밀한 관련을 맺어 왔다. 중국이 개혁 개방을 표방한 이래 중국 시장의 개척, 중국산 물품의 수입 등으로 중국에 대한 관심이 증대되고 있다. '중국의 과거를 보려면 시안西安으로, 현재를 보려면 베이징北京으로, 그리고 중국의 미래를 보려면 상하이로 가라'는 말이 있듯 상하이의 변화는 고도 성장을 자랑하는 중국 경제를 대표하고 있다고 할 수 있다. 우리에게는 독립 운동의 근거지였던 임시 정부와 윤봉길 의사의 폭탄 투척 장소인 홍코우 공원虹口公园(현 루쉰 공원鲁迅公园)으로 잘 알려진 도시로서, 새롭게 개발된 푸둥 지역의 마천루와 상하이 주변에서 세계의 공장 역할을 하는 제조 업체들, 인구 대국의 거대 도시 상하이의 교통과 경관 등은 필자에게 강한 인상을 남겼다. 한강의 기적을 능가하는 푸둥의 기적이라고나 할까?

상하이의 모습을 이해하기 위해 몇 가지 키워드를 고른다면, '(제국주의) → 개항 → (공산주의) → 개방 → (자본주의) → 개발' 이라는 역사적 과정과 도시화, 인구 이동, 세계화, 노동의 국제적 분업 등 최근의 변화를 가져온 요소를 꼽을 수 있을 것이다. 상하이에는 각 과정의 유물이 위용을 드러내고 있으며 미래의 모습도 계획되어 있다.

홍콩과 맞닿아 있는 중국 경제 특구의 효시인 선전은 계획적인 가로망과 도로, 녹지 등 중국이 아닌 서구의 도시를 연상케 하는 외양이었다. 홍콩의 중국 반환을 통해 홍콩과 보다 긴밀한 관계 속에서 성장하는 선전과 주변 지역의 모습은 이 지역이 중국 경제를 견인하는 엔진 역할을 담당했음을 짐작케 한다. 주강 삼각주Pearl Delta지역은 주변 농촌에서 비롯된 노동력을 바탕으로

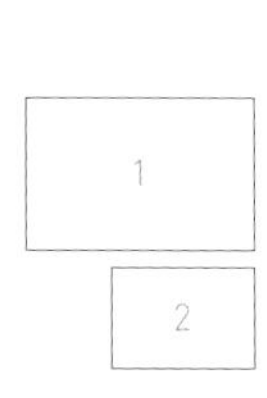

1. 동방명주 탑 전망대에서 바라본 황푸 강
2. 지도에서 찾아본 상하이와 선전. 바다를 끼고 있어 무역에 유리하다.

선전의 넓은 도로와 고층 건물

생산력에 있어 높은 지위를 지켜 왔다. 실제 현지 공장을 방문했을 때 앳된 모습의 노동자들을 만날 수 있었고 이들의 손에서 만들어진 물품들이 세계를 누비고 있는 것이다.

답사 동안 방문했던 중국의 기업은 현지 투자 한국 기업인 한국타이어(저장성 가흥 시), LG전자(광둥성 후이저우 시)와 외국 기업인 폭스바겐 자동차 공장(상하이 시 안정) 등이다. 한국타이어 가흥 공장(직원 수 1,500여 명)은 1994년 한국타이어 북경 지점 설립 후 중국 시장을 선점하기 위한 노력의 결과이며 점심 시간에는 회사 식당을 운영하는 등 중국 기업과 차별화된 기업 문화 창출을 시도하고 있었다. 1985년 3월에 성립된 상하이 폭스바겐 자

도로와 녹지가 잘 계획된 선전의 도시 경관

동차 유한 회사는 중국과 독일이 합자한 자동차 생산 기업이다. 상하이 서북쪽 교외 안정 국제 자동차성에 위치하고 있으며 2005년 현재 15,000여 명의 직원이 근무하고 있다. 연 생산량이 45만대를 초과하고 있으며 SANTANA 계열 상품, PASATE, POLO, GOL을 포함한 여러 종의 자동차를 생산하고 있어 한국차의 중국 진출시 고려해야 할 상대이다. 선전에서 두어 시간 떨어진 LG 전자 후이저우 공장 역시 중국 내 기업(직원 수 4700여 명)으로서 VCD, CD Rom, DVD 등을 생산하며 현지 지역 사회에 뿌리내리기 위해 노력하고 있었다. 중국 내 한국 기업의 위상과 관련하여 한국어를 배워 한국 기업에 취업한 한족 청년도 만날 수 있었다.

1
2
3

1. 상하이에 진출한 독일 기업 폭스바겐 자동차
2. 후이저우에 진출한 LG 전자
3. 후이저우 LG 전자 공장 내부

중국을 세계의 공장이라고 하고, 자원을 소비하는 진공청소기 같은 존재로 묘사하지만, 내노라 하는 투자가들이 주목하는 바와 같이 세계 경제의 중요한 한 축을 이루고 있는 것만은 분명하다. 물론 중국 내에도 해결해야 할 많은 문제들이 있는 것은 사실이지만, 답사를 하면서 가까이 있는 중국에 대해 얼마나 잘 알고 있는지 다시 생각해 보게 되었다. 그리고 이웃하는 국가 중국과 더불어 헤쳐 나가야 할 미래에 대해서도.

윤옥경 청주교대 사회과교육과 교수

빅토리아 피크에서 바라본 홍콩의 야경

홍콩,
아찔한 스카이라인을 뽐내다

인천에서 출발한 지 약 4시간 정도 지나니 새로운 세상이 펼쳐진다. 한국에서는 느낄 수 없었던 묘한 느낌의 도시, 동양이면서도 서양의 체취가 고스란히 묻어 나는 도시. 그곳은 바로 '아시아의 진주'인 홍콩이다. '향기가 나는 아름다운 항구'라는 뜻을 갖고 있는 홍콩香港, 홍콩은 중국 대륙의 남동부에 위치한 도시이다. 카오룽九龍반도, 홍콩 섬, 신계新界 그리고 수많은 섬을 포함한 외곽 지역으로 이루어져 있다.

홍콩은 온대 겨울 건조 기후(Cw)지역이다. 아열대 기후대에 속해 있지만 대륙 동안에 위치해 있어서 계절풍의 영향을 받는다. 여름은 기온이 높고

비가 많이 내리지만 겨울은 온난하며 건조하다. 그래서 그런지 내가 갔던 1월에도 한국 가을 날씨의 서늘함 정도를 느낄 수 있었다.

홍콩은 '천 가지 표정이 있는 곳'이라고 불리지 않던가? 그만큼 볼거리와 즐길거리가 다양하단 얘기! 어디부터 가봐야 할지 행복한 고민에 빠졌다. 일단 카오룽 반도 해안가의 침사추이尖沙咀 산책로를 찾았다. 홍콩 하면 또 빼놓을 수 없는 멋들어진 스카이라인Skyline을 감상하기 위해서였다. 빅토리아 하버Victoria Harbour를 사이에 두고 반대편에 있는 홍콩 섬의 해안선을 따라 바다와 조화를 이루는 빌딩 숲의 향연은 가히 장관이었다. 어마어마한 빌딩의 높이, 거대한 규모도 그렇지만 하나하나 독창적인 디자인으로 건축된 빌딩들이 내 눈을 더욱 즐겁게 했다. 나중에 안 사실이지만 홍콩에서는, 특히 하버 쪽의 빌딩들에 대해서는 건물의 디자인을 건축 허가 기준의 하나로 삼는다고 한다. 관광 산업 육성을 위한 홍콩의 노력이 바로 건축물 안에도 숨어 있었던 것이다.

빅토리아 하버를 건너 홍콩 섬 쪽으로 가기 위해 페리Ferry를 탄다. 페리는 카오룽 반도와 홍콩 섬을 연결하는 홍콩의 중요한 교통 수단의 하나이다. 저렴한 가격, 그리고 바쁜 일상 생활 중에서도 배를 타고 바다를 건너면서 잠시나마 나만의 여유를 가질 수 있는 낭만? 이런 매력이 아마도 페리에 늘 사람이 북적이도록 만드는 것 같다. 주변 경관을 감상하다보니 눈 깜짝할 사이에 도착한 홍콩 섬. 이번엔 바깥 경관을 보면서 이동하기에 속도도 적당하고 내가 내리고 싶은 적당한 곳에서 쉽게 내리기 위해서 무작정 홍콩의 명물인 2층짜리 트램Tram을 타고 홍콩 섬을 가로질러 본다.

하늘 높은 줄 모르고 치솟아 있던 빌딩들은 홍콩에서 땅값이 가장 비

1
2

1, 2. 침사추이에서 바라본 홍콩 섬의 모습

싸다고 하는 홍콩 섬 북부의 센트럴中環을 중심으로 입지해 있다. 이곳은 지하에는 MTR(지하철)이, 지상에는 버스, 트램, 피크트램Peak Tram, 택시가 다니는 홍콩 교통 수단의 집결지이다. 도심에 가까울수록 지대가 높기 때문에 지대 지불 능력이 높은 상업·업무 기능은 접근성이 좋은 도심에 집중하려고 한다. 이것을 집심執心현상이라고 한다. 계속적인 집심 현상으로 인한 중추 기능의 집중은 토지의 고밀도 이용을 피할 수 없게 한다. 지대가 높은 만큼 그 지역의 토지를 보다 효율적으로 이용하기 위해서 건물의 고층화는 필연적이다. 이것이 바로 홍콩의 금싸라기 땅인 센트럴에 각종 금융 기관, 행정 기관, 보험, 광고 등 생산자 서비스업들로 가득한 고층 빌딩이 빽빽하게 모여서 비즈니스의 중심지로 거듭날 수 있었던 이유이다.

홍콩은 특히 세계적인 금융 중심 도시로 유명하다. 2008년 세계금융허브지수(GFCI, The Global Financial Centers Index)에서 홍콩은 런던, 뉴욕에 이어 3위를 차지하며 아시아의 금융 허브임을 다시 한 번 입증하였다. 인적 요소, 경영 환경, 인프라 등 각종 비즈니스 환경이 우수하기 때문일 것이다. 하지만 여기에 하나 덧붙인다면 홍콩의 지리적 위치이다. 홍콩의 아침은 런던의 자정에 해당하고, 홍콩의 저녁은 뉴욕 증권 시장이 시작되는 시각이다. 이처럼 지리적으로 유럽, 아시아, 미국 대륙 간의 다른 표준 시간대를 하나로 묶어 주고 있기 때문에 전 세계 금융시장을 지배할 수 있는 매우 유리한 위치에 있는 것이다.

어느 정도 홍콩 섬 북부 답사를 마치고 서둘러 피크트램을 타고 이번에는 빅토리아 피크Victoria Peak에 오른다. 도시의 전체적인 모습을 보기 위해서는 고도가 가장 높은 곳을 찾는 것이 기본! 빅토리아 피크는 해발 고도

홍콩의 센트럴은 다양한 교통 수단의 집결지이다.

554m로 홍콩에서 가장 높은 곳이다. 세계에서 둘째가라면 서러울 만큼의 멋진 야경은 양념이다. 바다와 산과 인간이 만든 건물, 그리고 여기에 더해진 화려한 빛의 향연의 오묘한 조화가 인상적이었던 홍콩의 야경. 듣던 대로 홍콩의 야경은 백만불짜리였다. 각기 다른 형형색색의 네온사인을 온몸에 치장하고 밤늦게까지 불빛을 아끼지 않는 모습에서 앞으로도 세계 도시로 성장해 나아갈 홍콩의 무한한 힘을 느낄 수 있었다. 나는 그렇게 하염없이 홍콩의 매력에 취해 갔다. 영화 속의 한 장면을 떠올리면서….

김재행 고려대 지리학과 대학원생

지하 삼림대. 천지에서 흘러내리는 얼다오바이허(二道白河)가 땅속을 흘러 지하 계곡을 만들면서 주변에는 두꺼운 이끼가 깔리고, 백두산 미인송이 빼곡히 들어찬 원지삼림대를 이루고 있다.

만주, 한민족의 뿌리가 살아 숨쉰다

얼마 전 중국 상하이에서 개최된 국제학술회의를 다녀왔다. 그곳에서 만난 중국인 교수와 학생들은 한결같이 일본의 역사 왜곡에 분통을 터뜨리며, '두고 보자'며 벼르고 있었다. 조심스럽게 중국의 고구려사 왜곡을 물었지만 약속이나 한 듯 입을 다물고 웃음으로 직답을 피한다. 한반도를 사이에 두고 두 나라가 드러낸 속 보이는 억지 앞에, 간단없이 이어져 온 민족사의 뿌리조차 돌아볼 겨를 없이 달려온 지난 40여 년 간의 고속 성장이 무색한 이유는 무엇일까? 2002년 6월, 수백만의 붉은 악마들이 토해 내는 함성과 몸짓 속에

월드컵 4강 진입을 눈앞에 두고 나는 민족의 피 속에 도도히 흐르는 '대~한민국' 그 힘의 원천을 찾아 여장을 꾸렸다. 고조선을 잉태하고 고구려와 발해가 섰으며, 일제 강점기에도 우리의 혼과 문화를 지켜낸 만주 땅으로의 시간 여행을 위해….

선양瀋陽 공항에서 대기 중이던 찜통 같은 버스에서 현지 가이드를 1시간 넘게 기다려서야 선양瀋陽 시를 벗어날 수 있었다. 시역을 벗어나는가 싶더니 지평선 가득 옥수수 밭이다. 밀려드는 중국산 옥수수의 실체를 보고 또 본다. 민족의 뿌리를 찾아가는 시간 여행의 출발지 지안集安까지 족히 570km를 쉼 없이 달려야 한다. 그런데 시속 40km의 속도에도 버거워하던 버스가 목적지에 채 반도 못가 서 버렸다. 솜씨 좋은 기사 덕에 다시 어둠과 보슬비를 벗삼아 낮보다 더 조심스레 길을 재촉한다. 엉덩이 돌릴 여유조차 없는 좁아터진 좌석에 13시간의 공복에도 내일이면 만나게 될 고구려인의 기백과 그들이 남긴 위대한 족적들에 위안 섞인 기대를 걸어 본다.

새벽녘에 도착해서 눈 붙일 짬도 없이 다시 여장을 맨 일행은 앞다투어 붉은색 티셔츠와 스카프로 만주벌에서의 월드컵 4강 판타지를 예고하며, 민족의 뿌리에 성큼 다가섰다. 일찍이 신채호 선생은 '집안의 고구려 유적을 한 번 보는 것이 김부식의 삼국사기를 만 번 읽는 것보다 낫다'고 갈파했던가? 지안集安 시는 중국 지린吉林성 서남쪽에 압록강을 사이에 두고 북한 자강도와 마주보고 있는 고구려의 옛 도읍지이며, 기원 3년 유리명왕이 국내성에 도읍을 정한 후 약 425년 간 고구려의 정치, 경제, 문화의 중심지였다. 확장되는 도시에 밀려 그 옛날의 영화를 찾기가 쉽진 않았지만 국내성의 성벽은 세월의 궤적을 보듬고 여전히 건재했다. 그뿐인가? 용산龍山 기슭에 우뚝 솟은 장

광개토왕비. 높이 6.39m의 자연석에 총 1,775자의 글자를 새겨 고구려의 건국 전설, 광개토왕의 치적, 장묘 제도 등에 대해 기록하고 있다.

군총將軍塚과 사람 키를 서너 배나 훌쩍 넘기는 거대한 광개토왕릉비廣開土王陵碑는 이제야 찾아온 후세의 게으름을 일갈하듯 당당했다. 광활한 만주 땅을 도모하고 찬연히 빛나는 문화 유산을 남긴 고구려인의 꺾이지 않는 기백의 표상이자 내 핏속에 흐르는 '대~한민국' 그 힘의 원천임이 분명했다.

지안에서 백두산 아래 첫 동네 얼다오바이허二道白河 마을까지는 야간 침대 열차로 이동했다. 얼다오바이허를 따라 울창한 백두산 미인송림대를 두 시간쯤 달렸을까? '長白山'이라 쓴 문루와 빛바랜 군복의 중국 공안원들이 다

백두산 천지. 세계적인 칼데라 호로 둘레가 13.8km이며, 수면의 고도는 2,189m이다.

소 생경할 뿐 조선족과 한국 관광객들로 붐비는 백두산 관광 마을은 오히려 편안하다. 백두산은 277만 년 전에 처음으로 화산이 폭발한 후 여러 번에 걸쳐 용암이 분출하고 퇴적되어 거대한 화산체를 이루었고, 1만 년 전에는 빙하의 영향을 받아 지금도 그 흔적이 남아 있는 귀중한 자연 유산이다. 게다가 백두산 분화구가 함몰되어 형성된 천지는 세계에서 가장 높고 가장 큰 칼데라호로 둘레가 13.8km나 된다. 천지까지 하루에도 수없이 관광객들을 실어 나르는 갤로퍼 운전기사들은 가파르고 안개 낀 산길을 곡예하듯 달린다. 산 아래의 맑고 쾌청한 날씨는 간데없고 수면을 가득 메운 먹장구름은 먼 길 찾아온 후손에게조차 천지를 허락하지 않았다. 높이 68m의 웅장한 장백폭포와 옹달샘 같은 소천지, 이끼 깔린 원시림대의 장관에도, 온천 별장의 정갈한 음식과 뜨끈한 구들장의 안식에도 천지에 대한 아쉬움은 쉬 사그라들지 않는다. 다음날 해가 뜨면 피어오를 안개를 피해 다시 한번 천지에 올라보기로 했다. 새벽 5시! 천지는 구름 한 점 없이 활짝 열려 있었다. 눈이 시리도록 푸른 물빛은 하늘과 맞닿아 있고, 막 드리운 해그림자는 7천만 겨레의 기상으로 붉게 살아났다. 천지를 보듬고 겹겹이 둘러선 거대한 암봉들은 세월의 무게만큼 저마다 모양과 색이 다르고, 천지 물줄기를 따라 민족의 정기는 백두산 대협곡으로 이어지고 있었다.

민족정기의 샘 천지에 '대~한민국'의 웅비를 묻고 드넓은 만주벌로 내달린다. 우리가 만주라 불렀던 중국의 동북 3성(헤이룽장성, 지린성, 랴오닝성) 중에 한반도와 비슷한 땅덩어리의 지린성은 우리네 말과 글, 문화가 온전히 남아 있는 중국 속의 한국이다. 한국과 중국, 그리고 러시아가 접해 있는 국경 지대라 하여 이름 붙여진 옌볜延邊은 인구의 절반 이상이 조선족인 한민족의 중심 세거지이다. 조국의 자주 독립과 자존을 위해 수십 번의 죽을 고비를 넘기면서 피 끓는 애국 혼을 토해 냈을 김좌진, 홍범도 장군의 항일 격전지를 가로질러 선봉산 마루를 넘자 탁 트인 룽징龍亭들이 펼쳐진다. 해방 전까지 조선족 자치주의 중심지였던 룽징龍亭 시는 역사의 수레에서 밀려 뿌리내린 한의 땅을 용두레 우물을 파서 옥토로 일구며, 가슴에 묻었던 고향을 하나씩 옮겨 키운 조선족 모듬살이의 출발지였다. 한 치의 땅, 한 포기의 풀에

1. 혜란강과 평강벌. 용정시를 관통하는 혜란강은 일대에 세전벌, 평강벌 등 넓은 평야를 형성하여 조선족의 초기 정착과 수전(水田) 경작에 영향을 주었다.

2. 윤동주 생가. 민족 시인이자 저항 시인이었던 윤동주의 생가가 명동 마을 초입에 보존되어 있다.

도 애국 열사의 혼이 깃든 항일의 요람답게 지금도 룽징에는 일송정과 대성중학교, 이상설과 윤동주 등이 항일과 구국의 밀알로 살아 있었다. 혜란강을 따라 펼쳐진 60리 평강벌의 생명력에 누가 먼저랄 것도 없이 시작된 「선구자」 노랫말의 소절 소절마다 힘이 실린다.

옌지延吉에서 국경도시 훈춘琿春까지는 깔끔하게 단장된 고속도로가 나 있다. 두만강 건너 북한 땅이 손에 닿을 듯 지척이지만 잠시 머문 국경 세관에서조차 사진 촬영 금지를 신신당부하는 조선족 가이드를 보며 아직은 중국보다 먼 북한을 실감한다. 훈춘에서 두만강 하구 쪽으로 1시간 반 정도 비포장 길을 달리다 보면 두만강이 쌓아 만든 거대한 모래산과 습지 호수 끝자락에 조선족 30여 집이 오롯이 모여 사는 방천 마을이 있다. 한국과 중국, 러시아가 맞닿은 국경 마을로 '닭이 울면 세 나라에서 듣는다'고 할 만큼 적막하다. 그러나 인접한 투먼圖們 시는 중국의 1급 통상구답게 다른 국경 지역과는 사뭇 다른 모습이다. 국경을 오가는 사람과 트럭들, 두 나라 물건이 넘쳐나는 관광 상가들, 인민폐를 한국 돈으로 바꾸려는 환전상들에게서 국경의 삼엄함보다는 경제적 현실이 절박한 듯 싶다.

2,000 km가 넘는 긴 여정에서 줄곧 나를 일깨우던 다짐은 '역사의 연속성'과 '민족의 뿌리'에 대한 확인이었다. 나는 만주벌을 말달리던 고구려인의 기상에서, 항일과 구국을 외쳤던 열사의 함성에서, 민족 문화의 맥을 이어온 조선족의 끈기와 인내에서 결코 단절될 수 없는 민족사의 생명력을 확인하고 돌아간다.

김선희 성신여대 지리학과 강사

뤼순 감옥

다롄과 뤼순,
그토록 바라던 독립이 왔는데
당신은 어디에 계십니까

다롄大連은 인천공항에서 1시간 20분 정도 비행한 후 도착한 항구 도시이다. 해안을 따라 물류와 어업에 종사하는 많은 배가 정박해 있고, 최근에는 전자 산업 등으로 발전을 거듭하고 있다.

비교적 번화가인 다롄에서 2시간 이동하여 뤼순旅順에 도착했다. 이곳은 요동 반도 지역으로 고구려와 발해 시대, 일제 시대를 거쳐 독립 운동의 발자취가 있는 지역이다. 견고해 보이면서도 낡은 뤼순 감옥의 건물이 눈에 들어왔다. 안으로 들어서면서 본 첫 번째 방은 20세기 초 사용되던 죄수복을 걸어 놓은 방이었다. 죄수복은 주황색을 띤 얇은 천이었으며 바래거나 얼룩이 심한 상태였다. 안중근이 32세에 이토 히로부미伊藤博文을 저격하고 5개월간 투옥되었다가 사형당한 곳이며, 독립운동가요 요동이 우리나라 땅이라고 주장하신 역사가 신채호가 2년간 이 감옥에서 살았고, 일본에 대항하여 독립운동을 하던 중국인과 우리나라 사람 수만 명이 투옥되었던 곳이다. 옆의 통로를 따라 6~7명씩 쓰던 감방이 있었다. 죄수들의 복장, 고문 기구, 1평 남짓한 방안에 짚신과 나무로 된 똥통과 오줌통이 아직도 그대로 찬 마룻바닥에 있었는데 어떻게 이런 곳에서 지낼 수 있을까 할 정도로 처참했다.

특히 안중근 의사가 갇혔던 독방은 바로 옆에 간수장의 방과 나란히 있어 24시간 감시한 흔적이 보였다. 현장은 그대로 보존하고 있었고 사형을 집행하면 시신을 바로 나무통에 넣고 벌판에 묻어버리기 때문에 안타깝게도 안중근 의사의 유해를 찾지 못했다고 한다. 그의 나이는 32세. 체포되어 처형되기까지 그 6개월 동안 무엇을 생각하며, 어떻게 시간을 보냈을까? 자신의 희생으로 언젠가 다시 찾을 조국의 모습을 꿈꾸었을까?

2009년 청년 안중근이 그렇게 그리던 독립된 국가는(많은 사람들은 당연히 여기지만) 세계 12위의 경제 규모를 보이면서 선진국을 향한 꿈을 펼치며 살고 있는데…. 남한의 청소년들이 모두 이곳에 와서 자신을 기꺼이 희생한 조상들의 넋을 기리며 나라를 생각하는 건실한 청년들이 되어 북한과 남한의 대립과 혼란한 지금의 시국 실정 상황을 헤쳐 나가길 간절히 빌었다.

다롄 시내에서 호텔 근처에 있는 노동 공원으로 가서 1시간 산책할 시간을 가졌다. 공원은 도심 가운데 있는 것으로는 아주 규모가 컸다. 부지런하게 운동하는 사람들과 글씨를 써서 나무에 걸고 노래를 같이 부르는 노인들을

1 2

1. 발해의 터전이었던 비사성 옛터

2. 잘 정비된 다롄의 시내

만나기도 하고 중국 사람들과 친근감을 느끼게 하는 데는 좋은 공원이었다. 다롄의 신시가지인 개발구(신도시)로 갔는데 학군도 좋고 고층 건물들이 즐비하고 잘 정비된 주거지였다. 지금의 한국 국제 학교가 있는 자리는 발해의 터전인 비사성이 있는 곳이기도 하다.

다롄에서 단둥丹東을 가는 길은 랴오둥遼東 반도의 끝없이 펼쳐지는 평야를 지나는 길이었다. 고속도로는 왕복 2차로였으며 교통량은 거의 없었다. 중간에 휴게소가 없는 것으로도 교통량이 많지 않음을 알 수 있다. 밭에는 대부분 옥수수와 콩이 경작되고 있었고, 말과 돼지 사육농가가 보이고 쌀도 약간 경작되었다.

한편 단둥의 훤한 불빛과는 달리 이른 저녁부터 전기불이 간혹 비추는 어두운 압록강 건너 신의주의 모습 또한 마음을 아프게 한다. 이른 아침 바로 선착장으로 이동해 수풍水豊댐까지 1시간 30분 정도 배를 타고 북한 위화도를 지나 북한 주민이 가까이 보이는 지역으로 계속 이동하였다. 자동차도 지나지 않는 도로를 걷거나 자전거로 오가며 곡식 자루 같은 것을 들고 다니는 모습들이 보였다. 낡은 기와집들 사이로 남루한 옷차림을 한 어두운 표정의 사람들이 강가에서 목욕을 하거나 빨래를 하는 모습이 보였다. 북한 주민들 중 가끔은 서로 손을 흔들기도 하고, 외면하기도 했다. 수풍댐에서 다시 이동하여 청성교靑城橋 다리를 관람했다. 다리 입구에 마오쩌둥毛澤東의 아들 마오안잉毛岸英의 동상이 새겨져 있는데 북한 전쟁에 참전하여 50일 만에 죽었다고 한다. 이 다리도 전쟁 중에 끊어져 중간까지만 걸을 수 있었다. 멀리 북한 땅을 바라보니 이곳은 북한의 청성군 지역이다.

단둥 시내 언덕에 있는 전쟁 기념관을 관람했다. 6.25때 중공군의 활약을

1. 압록강에서 바라본 북한

2. 모택동에게 지원을 요청하는 김일성의 편지

찬양하고 북한을 어떻게 지원해 준 것인가에 대한 내용을 담은 기념관이다. 중국에서 만든 것이라 중공군의 활짝 웃는 모습과 미국 비행기를 폭파한 병사들을 영웅적으로 그렸고, 미군이나 국군에게 빼앗은 무기들이 전시되었다. 6.25전쟁을 북침이라 하며 유엔 연합군이 만주 지역에 세균을 투하하였다는 설명을 하여 우리는 당황스러웠다. 용산에 있는 전쟁 기념관과 미국의 워싱턴에 있는 한국 전쟁 기념관에서 어떻게 설명하는지 비교해 봐야 되겠다고 생각했다.

황유정 청주대 지리교육과 교수

쓰촨, 참사 현장 그대로 박물관을 세우는 곳

베이촨 마을 전경

최근 5년 사이 아시아권에서는 지진과 그에 따른 쓰나미, 태풍, 홍수 등 많은 자연 재해가 잇달아 일어나 많은 사상자가 발생하였고, 경제적인 면에서도 큰 타격을 입었다. 특히 2003년 12월 26일, 현지 시간 오전 5시 26분 이란에서 일어났던 리히터 지진계 6.5의 지진은 그 역사가 BC 6세기로 거슬러 올라가며 7~11세기 동안 중요한 무역의 중심지였던 밤Balm 성채를 완전히 무너지게 하였다. 이 밤 성채와 주변 경관은 2004년 세계 유산으로 긴급 등재되었고 동시에 위험 유산으로 등록되었다. 그로부터 꼭 일 년 후인 2004년 12월 26일은 동남아시아에 큰 피해를 가져온 지진 해일이 일어난 날이었다. 우리나라 사람들도 희생된 당시의 쓰나미는 동남아시아와 남부아시아 동부까지 영향을 미쳤고, 수십만 명의 사상자, 실종자를 발생시켰을 뿐만 아니라 재산 피해도 엄청났던 자연 재해였다.

그 후로도 최근까지 지진은 일본, 인도네시아를 비롯해서 곳곳에서 일어났고 그 피해 또한 매우 컸다. 그 중에서 2008년 5월 12일에 중국에서 일어났던 지진은 규모, 피해 면에서도 매우 컸던 자연 재해였다.

2008년 5월 12일 오후 2시 28분 쓰촨四川성의 수도 청두成都에서 북서쪽으로 92km 떨어진 웬츠완汶川: Wenchuan에서 리히터 규모 7.8의 강진이 발생하였고, 중국의 16개의 성, 자치구, 시를 비롯하여 베트남, 태국, 대만, 파키스탄에서까지 진동이 감지될 정도였다. 그 이후 1,000여 회 이상의 여진도 계속적으로 일어나 인명 피해는 매우 컸다. 지진으로 피해를 본 지역은 총 44만 km^2에 달하였고 모두 417군, 46,574 마을이었다.

이 지진으로 피해를 본 사람들은 총 4,624만 명이나 되었으며 그 중에서 사망이 69,227명, 실종 17,923명, 부상 374,643명이며 매몰되었다가 구제된 사람은 1,486,407명이었다. 또한 지진으로 인한 경제적 손실은 800억 위안이었다.

웬츠완 지진으로 가장 피해를 본 지역은 창족이 거주하던 베이촨北川 마을이었다. 건물의 80%이상이 파괴되었는가 하면 25,000명이 살던 마을의 주민이 모두 4,000명밖에 살아남지 못하였다. 마을 하나가 완전히 파괴되어 버린 것이다. 피해가 너무 커서 그 마을을 복구하지 않고 그대로 오픈 뮤지엄

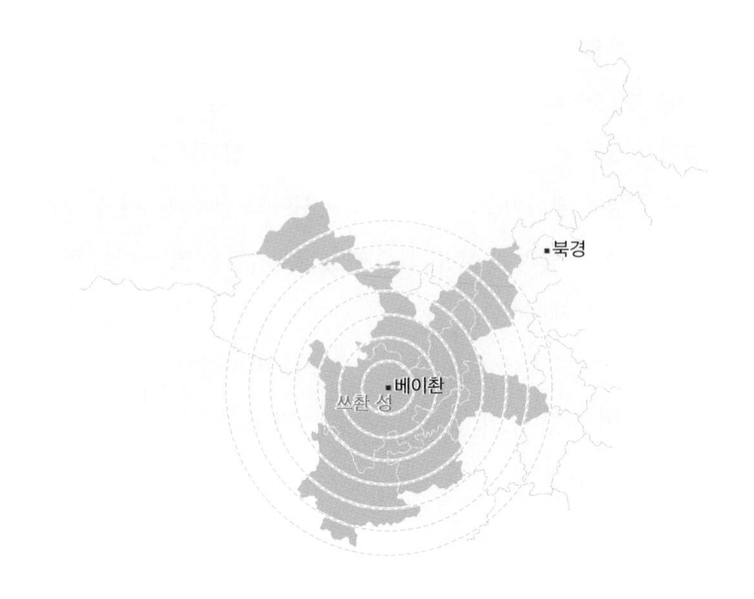

중국 쓰촨성 웬츠완 지진발생도(2008.5.12)

Open Museum으로 만들 예정이라 한다.

지난 7월 24일 중국 문물국(우리나라의 문화재청과 같은 곳)의 초청으로 실크로드의 시작점이라 하는 시안西安을 방문한 후 버스로 한청韓城을 거쳐 베이촨과 새로 건설되는 지역을 방문하였다. 새롭게 건설될 마을의 부지에 세워진 지진 자료실을 방문하여 앞으로의 계획을 들었다. 이번 지진에서 가장 피해가 큰 베이촨으로 가는 길은 그저 지진 피해가 있었구나 하는 정도였고, 곳곳에 산사태의 흔적만이 있을 뿐이었다. 그리고 지진 피해자들을 위한 집단 거주 시설이 그 점을 더욱 강조해 주고 있었다.

그러나 철조망으로 막아 놓은 문을 열고 도로로 들어서자마자 아! 하고

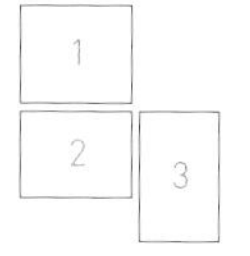

1. 베이촨 지역이 시작되는 통제 구역으로 들어가기

2, 3. 베이촨 마을로 들어가는 도로

탄식이 나올 정도의 지진 피해가 감지되었다. 도로는 울퉁불퉁하였고 커다란 돌들이 도로를 가로막고 있기도 하였다. 한참을 달려 차가 멈추자 밖으로 나와 보았다. 길 아래 펼쳐진 베이촨은 유령의 도시로 바뀌어 있었다. 산사태의 모습, 건물이 완파 또는 반파되어진 모습, 멀리 지진으로 사망한 영령들을 위로하는 현수막이 보였다.

그곳은 아무나 들어오지 못하는 곳이고, 마을에 살던 사람들 그리고 정부 관계자들만 허락을 받아 들어오는 곳이었지만 사망한 사람들을 위해 꽃을 바치고 향을 피운 흔적을 볼 수 있었다.

다시 차를 타고 마을로 내려갔다. 정비를 위한 공사 차량만 보일 뿐 인적이 없는 곳이었다. 마을을 들어가 마을의 중심지로 가자 다시 차가 멈추어 섰다. 바로 5,000명의 영령이 잠든 위령소에 도착한 것이다.

주변을 돌아보자 그 비참함은 이루 말할 수 없었다. 그곳에서 흐느끼며 우는 한 사람을 발견하였다. 나중에 알아보니 그는 그 마을의 박물관장인데 부인은 실종되었고, 당시 고등학교 학생이던 딸은 교사의 침착한 대처로 구사일생으로 살아난 집안의 가장이었다. 가슴이 먹먹해지는 순간이었다.

북경에서 온 국가 문물국 소속 임원들, 그 지역의 중요 인사들, 그리고 이코모스 회장을 비롯한 우리 일행은 모두 준비한 꽃다발을 헌화하였고 단체 묵념으로 희생된 영령들을 위로하였다. 그곳 바로 뒤쪽에 초등학교가 있었는데, 400명 교사와 학생이 모두 매몰되었고 한 명도 구출하지 못했다는 설명에는 할 말을 잇지 못했다. 이정표나 여러 가지 도로의 설명은 그대로였지만 건물은 파괴되고 그곳에서 생활하던 많은 사람들만 사라진 곳이었다. 마을을 한 바퀴 걸어서 답사를 하고 그 마을을 떠났다.

베이촨 마을을 추모하는 꽃다발과 향

이곳에 마을을 다시 짓지 않는다는 방침은 이해를 하지만, 마을을 아예 오픈 뮤지엄으로 조성할 계획이라는 말에 이것이야말로 중국인밖에 할 수 없는 발상은 아닐까 하는 생각을 잠시 하였다. 마을을 벗어나자 바로 어귀에 있던 중등학교에 도착하였다. 건물이 파괴된 채 그대로 있었다. 학교는 4층 건물이었는데 2층은 내려앉았고 3, 4층이 1, 2층이 되어 남아 있었다. 베이촨에는 지진으로 인한 피해와 그것을 극복하려고 노력하는 마을의 남아 있는 주민들이 있었고, 그 와중에 지진에 대한 책과 사진을 파는 장사꾼이 있었다. 우리는 착잡한 마음이 되어 베이촨 지역을 떠났다.

중국 정부는 이번 지진을 극복하는 하나의 정책으로 새로운 마을을 형성하겠다고 한다. 그 마을은 현재 각지에 흩어져 있는 난민들을 모아 그곳에 살게 하여, 농업보다는 서비스업, 다시 말하면 관광 산업에 적극적으로 뛰어들겠다는 의지로 건설되는 마을이었다. 자연 재해를 관광 자원으로 이용하려는 그들의 생각을 보면서 역시 중국인다운(?) 생각이 아닐까 하는 의문도 들었다.

이혜은 동국대 지리교육과 교수

불교 경전을 써 놓은 '룽다'

티베트, 모든 생활은 티베트 불교로 통한다

티베트는 현재 행정상 중국의 5개 자치구의 하나로 속해 있다. 세속의 많은 사람들이 티베트에 관심을 갖기 시작한 것은 아마도 현재 인도 다름살라Dharamsala에 망명 중인 14대 달라이라마에 의해서일 것이다. 중국 내에는 한족과 55개 소수 민족들이 함께 공존하고 있다. 소수 민족들은 그 규모와 기원한 연유가 다양하여 중국의 정책을 유연하게 받아들이는 민족들도 많지만, 몇몇 민족들은 기회가 된다면 분리되기를 염원하고 있다.

티베트는 해발 고도가 높은 험난한 산지와 매우 복잡한 지형뿐만 아니라 열악한 기후 등과 같은 요인에 의해 외부와의 교류가 어려웠기 때문에 오랜 세월 동안 사람들이 접근하기 쉽지 않아서 고립되어 버린 지역이었다. 이와 같은 척박한 자연 환경에 적응하면서 형성된 독특한 생활 양식들은 외부와의 왕래가 거의 드물었기 때문에 독특한 티베트인만의 문화를 유지할 수 있게 되었다.

티베트 지역은 티베트 불교(라마교)에 의해서 모든 것이 이루어졌다고 해도 과언이 아닐 정도다. 모든 생활은 티베트 불교에서부터 나오고, 모든 문제는 티베트 불교로 해결된다. 그만큼 불교를 제외하고는 티베트인을 논할 수 없다. 이는 종교라기보다는 생활이다. 즉 하루 24시간, 일 년 365일 그들의 생활 속에 묻어나는 행동들이다.

티베트인들은 하루 24시간 잠자는 것을 제외하고는 손에 든 마니차를 계속해서 돌리고 있다. 이들은 마니차를 돌리는 것이 불경을 외우는 것과 같다고 생각하기 때문에 하루 종일 쉬지 않고 돌리고 있다. 또한 평생의 한 번은 조캉 사원大昭寺으로 오체투지를 하면서 순례를 하는 것을 당연하게 생각한다. 그들이 기원하는 내용의 대부분은 가족의 무사 안녕을 염원하는 내용이 아니라 지구의 평화와 안녕을 위한 기원이라고 한다. 티베트인들이 거주하고 있는 시내 곳곳에서 마니차를 돌리고 오체투지를 하는 광경을 쉽게 볼 수 있다.

티베트인들이 원래 거주하였던 농촌에서는 야크가 경제 활동의 주가 된다. 야크로부터 얻는 털과 젖과 고기 그리고 가죽 등이 이들의 실생활에 모두 활용되고 있다. 야크 젖으로 술을 담가 먹고, 털로 여름에 햇볕을 가리는 창을 만들고, 가죽은 옷과 생활용품으로 쓰고, 뿔은 거주하는 집의 상징으로 올려 놓고, 뼈는 생활도구로 그리고 똥은 연료로 쓰이고 있다. 티베트는 고지대이기 때문에 목재가 흔하지 않아서 땔감이 귀한 지역이다. 그래서 야크의 배설물을 보릿짚에 섞어 만든 '쮜'라는 연료를 사각이나 원형으로 납작하게 만든 후에 이것을 양지바른 벽에 꽉 차도록 붙여놓았다가 마르면 이것을

1 | 2 1. 주거지 담에 붙여놓은 '쫘' 연료 2. 티베트인, '마니차' 그리고 '옴마니빤메훔'

모아서 담장과 평평한 지붕 위에 촘촘히 올려서 쌓아 놓는다. 이러한 것들이 그들의 자산이 되어서 일 년 내내 연료로 사용하는 것이다.

반가운 손님이 오면 걸어 주는 까닥哈達, 오색 비단 천 위에 수만 가지 소망을 적어 걸어 놓은 '룽다風馬', 티베트인의 손에서 떠나지 않는 '마니차法輪', 그들의 행복한 주술인 '옴마니빤메움觀世音菩薩本心微妙六字大明王眞言', 세계 평화의 염원을 행동으로 옮기는 오체투지 등이 그들의 실생활을 반영하는 단어들이다. 그러나 중국 서남공정의 일환으로 이러한 이야기들도 점차 희미해져 간다. 특히 한족들이 유입해 오면서 도시 내부에서는 이들 풍습을 거의 찾아볼 수 없게 되었다. 과거의 문화유산으로 사라져 가고 있는 티베트만의 생활 모습이 그저 아쉽기만 하다.

김일림 상명대 교육개발센터 책임연구원

Travel 4

파도와 바람이 만들어 낸 세상, 타이완의 예류野柳지질공원

타이베이臺北에서 북동쪽으로 자동차를 타고 1시간 정도 가면 완리촌萬里村의 좁고 긴 곶에 위치한 예류지질공원野柳地质公园이 나온다. 예류에 도착해서 공원으로 들어가기 전에는 한국의 해안가와 비슷하게 식당들과 기념품점들이 즐비해 있어 우리나라와 별다른 차이점을 느끼지 못했다.

하지만 공원 입구를 지나 바다 쪽으로 길게 튀어나온 곶에 다다르자 새로운 세상이 펼쳐졌다. 우리나라의 해안에서는 볼 수 없었던 매우 기이한 형태의 바위들이 즐비해 있고 바로 옆에서는 내 키만한 파도가 무섭게 내리치고 있어 마치 동화 속 이상한 나라에 온 것 같았다. 이 기이한 형태의 바위들과 해식 동굴 등의 장관은 천백만 년에 걸친 파도와 바람에 의한 침식과 풍화의 산물이라고 한다.

석회질 사암으로 이루어진 예류지질공원에서는 심상암蕈狀石이라고 부르는 하늘을 떠받치는 듯한 거대한 버섯 모양의 바위를 180여 개나 볼 수 있다. 예류를 대표하는 버섯 바위는 해수면 아래의 경암층과 연암층이 압력을 받았을 때 절리가 발달하게 되고 오랜 시간에 걸쳐 지각이 점차 상승하면서 거센 파도와 북동 계절풍의 영향을 받아 상대적으로 연암층이 빠르게 침식

1. 바다 쪽으로 길게 튀어나온 곳에 위치해 있어 파도와 바람의 영향을 많이 받는 예류지질공원

2. 파도와 바람에 의한 차별침식을 받아 형성된 버섯 모양의 심상암(蕈狀石)

우아한 여왕의 옆얼굴을 닮은 여왕두
출처 : 위키피디아

되고 경암층은 남아 있게 되어 버섯 모양의 기암괴석이 된 것이다. 즉, 버섯 바위는 파도와 바람이 바위의 갈라진 틈을 따라 상대적으로 침식에 강한 부분과 약한 부분을 차별적으로 깎아서 만든 것이다. 이곳의 버섯 바위의 모양은 사막의 버섯 바위와 같지만 바람에 의해 사막 바닥을 튀어오르는 모래에 의한 침식으로 형성되는 사막의 버섯 바위와는 형성 원인이 다르다.

버섯 바위 중에는 벌집 바위, 마령조 바위 등 특이한 모양으로 인해 재미있는 이름을 갖게 된 바위들이 많이 있다. 그 중 단연 으뜸은 "여왕두女王頭"라고 불리는 여왕 머리 바위로 이것은 파도와 바람이 만들어낸 산물의 결정판이라고 할 수 있다. 여성의 얼굴 모양을 한 여왕 머리 바위는 이집트 여

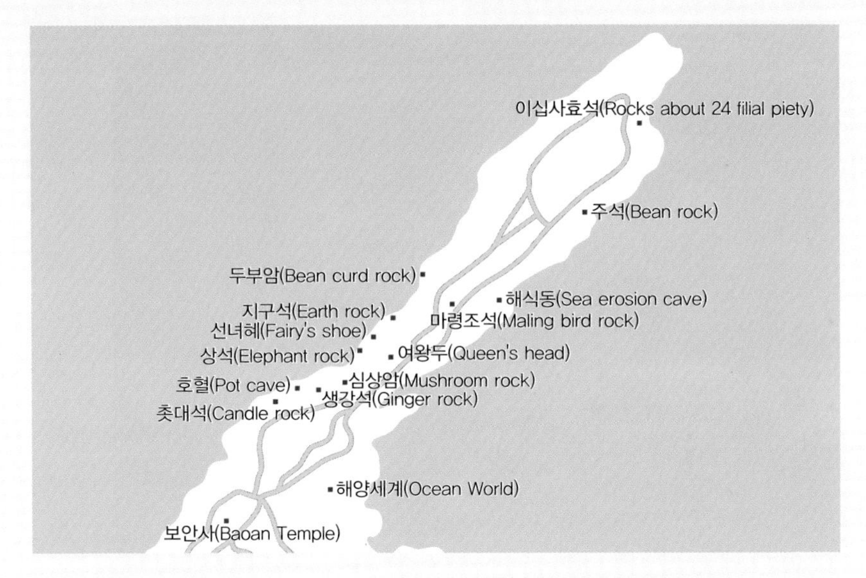

예류지질공원 안내 지도

왕 클레오파트라를 닮았다고도 하고 네페르티티를 닮았다는 등 여러 가지 설이 있다. 하지만 자연 현상만으로 이렇게 세밀하게 만들어진 형상이 마치 여왕 같은 위엄과 고귀함마저 엿보인다는 점에서 어떤 여왕을 닮았는지는 큰 문제가 아닌 것 같다. 이 바위를 봤을 때, 개인적으로는 가녀리고 긴 목선이 여성의 우아함을 잘 드러내는 것 같다고 느꼈다. 하지만 그 가녀리고 긴 목이 침식과 풍화에 의해서 언젠가는 부러질 수도 있다는 생각을 하니 너무 안타까웠다.

예류지질공원에는 버섯 바위 외에도 촛대 바위, 생강 바위, 두부 바위 등 각기 다른 형성 작용으로 생긴 특이한 모양의 바위들이 있다. 촛대 바위

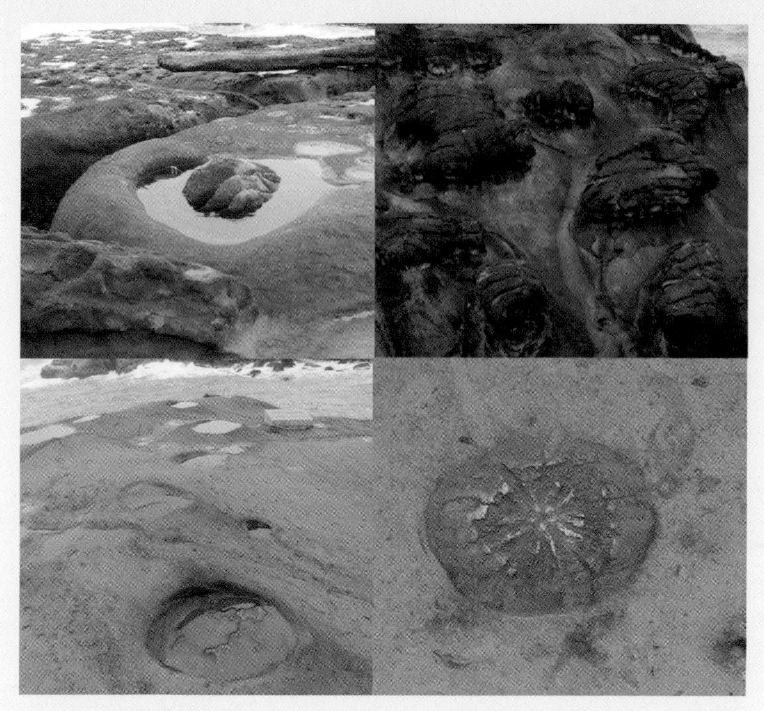

여러 기이한 형태의 암석들. 왼쪽 위부터 시계방향으로 촛대 바위, 생강 바위, 해담 화석, 호혈

는 이름 그대로 촛대 모양을 띤 바위인데 그 심지 부분은 석회질이 결합하여 단단하게 된 부분이고 그 주위에 환상형으로 움푹 파인 부분은 바닷물이 주위를 돌며 계속 깎아 내려가 만들어진 것이다. 생강 바위는 암석층 가운데 비교적 단단한 부분으로, 그 주변은 파도와 바람에 의해 깎여 나가고, 남은 단단한 부분은 종횡의 절리를 따라서 침식되어 울퉁불퉁한 생강 모양이 되었다. 두부를 조각조각 등분해 놓은 모양을 닮은 두부 바위는 암석이 지층간의 변동에 의한 압력으로 바둑판형 절리를 형성한 뒤 이 절리들을 중심으로

끊임없는 침식 과정을 거쳐 만들어졌다. 또한 이곳에는 기암괴석들뿐만 아니라 작은 모래알을 지닌 바닷물이 암석의 움푹 파인 곳으로 들어간 후 파도와 바람에 의해 그 모래알이 아래로 계속 파고 들어가 더 큰 웅덩이를 만드는 호혈pot cave, 지층이 융기하는 과정 중에 튀어나와 있는 곳에서 파도가 계속적인 침식을 일으켜 결국에는 동굴을 만드는 해식동, 꽃게류가 활동하던 모습의 생흔 화석, 꽃잎 모양의 해담 화석 등도 볼 수 있다.

예류지질공원의 여러 기암괴석들과 해식동은 그 구체적인 형성 원인은 다르지만 큰 범주에서 보면 모두 파도와 바람에 의한 침식과 풍화로 형성된 것이라고 볼 수 있다. 따라서 파도와 바람이 없어지지 않는 한 이 지역의 지형은 계속적으로 침식과 풍화를 받을 것이고, 천년만년 그 모습으로 그 곳에 존재하는 것이 아니라 계속해서 변화할 것이다. 이것은 예류뿐만 아니라 해안 지역에 있는 지형 모두가 그럴 것이다. 파도와 바람이 만들어 낸 세상은 계속적으로 변화하며 진화를 거듭해 나갈 것이다. 100년 뒤, 200년 뒤에는 어떤 세상이 펼쳐질지, 그때 다시 이 세상에 와서 볼 수 있을까?

이승아 한국교육개발원 연구원

참고문헌

허용선, 2008, 타이완 100배 즐기기, 서울: 랜덤하우스코리아.
대만관광청 서울사무소 http://www.tourtaiwan.or.kr/
야류지질공원 http://www.ylgeopark.org.tw/
지오포토 http://www.geoedu.net/

Travel 5

러시아 동부의 지신허 마을을 아십니까

발해渤海 멸망 이후 우리 민족이 언제부터 연해주로의 집단 개척 생활을 시작하였는지에 대한 정확한 기록은 없다. 공식적인 기록이 나타난 것은 1860년 러시아가 청나라와 조약을 체결해 연해주沿海州와 사할린Ostov Sakhalin을 자국의 영토로 확정한 이후라고 할 수 있다. 그러나 훨씬 이전부터 함경도 주민들이 두만강을 넘어 무주공산이나 다름없는 연해주와 사할린에 진출해서 농사와 어업을 했다는 주장은 많다. 따라서 한인들이 이주한 시기를 최소한 19세기 초로 추정해 볼 수 있다.

이주 초기 연해주로 향한 사람들은 대부분 농민들이었지만, 1905년 을사늑약 이후에는 정치인과 지식인들도 항일의병 독립운동을 위해 이곳으로 이주를 했다. 그 결과 연해주 지역은 한인들의 민족 문화와 민족 교육을 진흥하는 한민족 생활권으로, 또 독립운동을 전개하는 전초 기지로 발전하기 시작하여 1926년 한인 규모는 10만 명에 이르렀다. 그러나 1937년 제정 러시아 정부가 연해주의 한인 17만 명을 중앙아시아로 강제 이주시킴으로써 연해주 한인 사회는 붕괴되었다. 이러한 역사적 배경 때문에 현재에 와서 한인들의 문화 유적지를 찾기란 매우 어려운 일이지만, 조국을 생각하는 한인의 후예가 지속적인 연구 끝에 한인 최초 마을 터를 발견하는 데 성공하였다. 강제 이주되면서 마을은 없어졌지만 당시의 유물로는 집터 5개와 연자방아, 맷돌 2개, 곡식을 저장했던 항아리 파편 등이 남아 있었다. 따라서 지난 2004년에는 가수 서태지 일인의 도움으로 이러한 사실을 기록하여 최초 마을 터에 기념비를 세워 놓았다.

> 이곳은 연해주 핫산지역 비노그라드나야에 있던 지신허라고 하는 옛마을로서 1863년 함경도 농민 13세대가 두만강을 건너와 정착한 극동 러시아 최초의 한인 마을로 현재는 옛터만 남아 있다. 그러나 1937년까지 1,700여 명의 한인들이 모여 살던 아주 큰 마을이었으며, 현재 50만에 이르는 CIS 지역 거주 한인들의 발원지가 되는 곳이다. 이에 우리는 이 비를 세워 한인 이주 140주년을 기념하고 한국과 러시아의 친선우호를 돈독히 하여 우리 민족의 무궁한 발전을 기원하는 바이다.
>
> 2004년 5월 9일, 한인 러시아 이주 140주년 기념사업회,
> 대한민국 음악인 서태지 헌정

연해주의 주도인 블라디보스토크Vladivostok는 한인들이 가장 많이 거주하는 지역이다. 과거 제정 러시아 당국은 블라디보스토크 중심지에 자리 잡고 있던 한인 거주 개척리를 강제 철거하고, 시의 외곽 서북편의 변두리였던 아무르만 언덕의 신한촌新韓村을 한인 집단 이주지로 확정하였다. 이곳으로 옮겨온 한인들은 신개척리와 석막리를 건설하고 새로운 한국을 부흥한다는 의미를 담아 신한촌新韓村이라 명명하였다. 이와 같이 형성된 신한촌은 1919년

연해주 지신허 마을: 한인들의 발원지 기념비

삼일운동 때까지 한민족의 국외 독립운동의 중심지로 성명회, 십삼도의군, 권업회, 신채호, 장도빈 등이 주로 활동한 권업신문사 터, 대한광부군정부, 대표적인 민족학교였던 한민학교, 해조신문사 등 항일 단체들이 있었던 지역이다. 그러나 그 유적지의 위치 확인은 거의 불가능하다. 그럼에도 불구하고 신한촌은 삼일운동의 시발점으로 한인들의 민족의식을 불태웠던 독립운동의 요람뿐만 아니라 교육, 언론, 문화의 중심지로서 한민족의 근원지이며, 마음의 고향이다.

연해주에서 한인들이 가장 많이 거주하고 있는 지역으로, 블라디보스토크에서 북쪽으로 80km지점에 위치한 우스리스크Ussurisk는 중국 수이푼강의 접경지역으로 중국과의 농산물 가공업 무역을 하고 있다. 문화 유적지로

최재형이 살던 옛집

는 조선사범 전문학교가 있으며, 항일독립운동가 이상설 선생 유허비가 수분하(수이푼 강) 옆에 건립되어 있다. 그 외 국민 의회 터, 최재형 옛집, 최재형이 처형당한 장소 등 많은 독립운동 유적지가 있다.

그러나 연해주의 한인 유적지를 쉽게 찾을 수 없는 이유는 1917년 러시아 혁명과 내전, 1937년 스탈린에 의한 중앙아시아로의 강제 이주와 한인 지도자들에 대한 탄압 그리고 최근의 소련 붕괴라는 세계사적인 대변혁과 민족주의의 발흥에 그 원인을 둘 수 있다. 향후 우리의 관심이 더욱 필요한 지역이다.

김일림 상명대 교육개발센터 책임연구원

Part 2

인도, 동남아시아, 오세아니아의 틈새를 보다

메트로 섬의 오버 워터 방갈로

황금 사원

인도

베트남

필리핀

캄보디아

뉴질랜드

아오자이를 입은 학생들

팍상한의 통나무배

Travel 6

인도, 찬란한 유적 속에 아픈 역사를 감추다

인도 전통 음식인 차파티를 만드는 여인들

암리차르, 평온한 모습의 이면에 감추어진 아픈 역사가 있는 곳

2007년 9월 30일, 펀자브Punjab 주 암리차르Amritsar에서 아침을 맞았다. 암리차르는 시크교의 4대 구루인 람 다스Ram Das가 1577년에 건설한, 인구 100만을 자랑하는 대규모의 도시다. 인도에서 가장 부유한 곳이라는 사전 정보로 인해 크고 번쩍번쩍한 고층 건물들과 넓고 잘 닦인 대로가 펼쳐진 도시를 상상했지만, 실제로는 정리되지 않은 흙바닥에 수많은 노점상과 작은 소점포들이

1. 황금 사원

2. 무료 식당에서 맛본 차파티와 달

3. 구루 카 랑가르에 나란히 앉아 식사중인 사람들

모여 있는 가운데 간간이 큰 규모의 숙박업소들이 들어선 모습이었다. 차가 지나갈 때마다 날리는 엄청난 먼지와 끝없는 소음, 차와 사람이 뒤죽박죽 섞여 다니는 모습, 허름한 옷차림을 한 가족들의 구걸…. 인도의 여타 도시들보다도 산만한 첫인상에서 '부유한 도시'라는 기존의 인식은 조금 흐릿해졌다.

그러나 첫인상은 첫인상일 뿐! 나의 이런 부정적인 이미지를 단칼에 날려 버린 곳이 있었으니, 바로 시크교의 총본산인 하리 만디르Hari Mandir이다. '황금 사원'으로 더 잘 알려져 있는데, 이는 1799년 라호르Lahore-카슈미르Kashmir-현재의 파키스탄Pakistan에 이르는 시크교 왕국을 세우고 그 마하라자왕가 된 란지트 싱Ranjit Singh이 많은 양의 황금을 제공해 사원에 덧씌우도록 하면서 얻게 된 별칭이다. 시크교는 신도가 아닌 사람들에게도 개방적이라서 모두에게 사원 출입을 허용하나, 그들의 교리에 맞는 차림을 갖춰야 한다. 우선 신발은 벗어서 신발 보관함에 맡겨 맨발로 들어가야 하며, 머리카락을 드러내는 것이 금기시되므로 모자나 두건으로 머리를 가리도록 한다. 사원 입구 앞쪽에는 물이 흐르고 있었다. 어떤 이들은 그 물을 적셔 머리에 뿌리고, 또 어떤 이들은 손을 씻거나 발을 담그기도 했는데, 이것은 사원에 들어가기 전 성스러운 물로 몸을 깨끗하게 하는 일종의 정화 의식이라고 했다.

사원 안으로 들어가자 가장 먼저 황금빛으로 번쩍이는 황금 사원이 눈에 띄었다. 마치 암릿 사로바Amrit Sarova 연못 위에 떠 있는 듯한 느낌이었다. 연못에는 옷을 벗고 들어가 몸을 정화하는 목욕 의식을 행하는 사람도 있었고, 물에 손을 담그거나 몸에 물을 끼얹는 사람도 있었다. 그리고 연못 한쪽에 서서 황금 사원을 향해 기도를 드리는 사람도 있었다.

사원의 북문 쪽에는 시크교의 역사를 보여 주는 그림들을 전시해 둔 역

황금 사원을 바라보며 기도하고 있는 시크 여성

사관이 있었다. 운이 좋게도 하루에 30분만 개방한다는 이 전시관을 구경하게 되었다. 기대하며 들어간 전시관에서 나는 눈을 어디에 두어야 좋을지 모르는 상태가 되었다. 시크교 관련 주요 인물들의 인물화나 전시물들도 있었지만, 끔찍한 사건들을 묘사해 놓은 그림들이 굉장히 많았다. 시크가 겪은 박해의 역사를 여실히 보여 주고 있었다. 과거 무굴 제국 시대의 종교 박해와 순교, 아프가니스탄과 영국의 침략과 관련된 학살과 건축물의 파괴, 1984년 인디라 간디의 시크 급진파 무력 진압 등 수많은 참혹한 장면들이 섬세하게 표현되어 있었다. 전시관을 둘러보면서 왜 시크 인들이 전사적인 면모를 갖출 수밖에 없는지 조금은 이해할 수 있을 것 같았다.* 가장 섬뜩했던 것은 전시실 한켠에 걸려 있던 샤히드 베안트 싱과 샤히드 사완트 싱의 초상화였다. 인디라 간디 저격이라는 큰 역할을 해 낸 시크교의 중요 인물로 평가받는 그들. 그들이 역사관에서 시크의 영웅으로서 대접받고 있다는 것은 과거의 탄압에 대한 시크의 분노는 여전하며, 언제든 예전과 같은 핏빛 분쟁 사태가 다시 벌어질 수 있음을 의미하는 것은 아닐런지!

역사관에서 나오자 어느덧 점심 시간이 되었다. 일행은 황금 사원의 또 하나의 자랑인 구루 카 랑가르Guru Ka Langar로 향했다. 이곳은 황금 사원 내에 설치된 세계에서 가장 큰 무료 식당으로 사원을 방문하는 사람들에게 무료로 음식을 제공한다. 시크교 창시자인 구루 나낙Guru Nanak이 생전에 평생 탁발을 하며 유랑한 것에 대한 보답으로 행하는 것이라 한다. 그런데 놀라운 것은 여기에서 제공되는 식재료를 모두 시크교도들 자신이 기부한다는 것이다. 음식뿐 아니라 무료 식당을 포함한 황금 사원 안에서의 모든 서비스가 시크교도들의 자원 봉사로 이루어지는 것으로, 특히 신발 보관소에서의 봉사 활동은 인기가 많아 앞으로 10년은 더 기다려야 이곳에서 일할 수 있다고 한다. 또한 저녁에도 사원을 개방하여 잘 곳이 없는 사람들이 사원 안에서 묵을 수 있도록 한다고 하니, 돈이 없어 끼니를 거르거나 거처를 마련하지 못한 사람들, 그리고 돈 없는 배낭여행객들에게는 참으로 고마운 일이 아닐 수 없다. 외부로부터의 끊임없는 시련에도 시크교도들을 당당히 살아남

* 실제로 시크교도의 전사적인 전통은 현 인도군의 편성에 반영되어 있다. 대개 시크교도 출신이 인도 전 병력의 10%를 차지하는 것으로 본다. 인도 전체 인구의 2%가 채 되지 않는 시크교도가 전 군병력의 10%를 차지한다는 것은 엄청난 비중이다. (최준석, 2007, 간디를 잊어야 11억 시장이 보인다, p.208 참고)

게 한 힘이 바로 여기에, 힘든 중에도 종교적 교리를 지키며 베푸는 마음에 있는 것이 아닐까 하는 생각이 들었다.

차파티와 달로 주린 배를 채우고 무료 식당을 나서자, 하리 만디르 안에 모셔진 시크교 성서 구루 그란드 사힙Guru Grand Sahib을 참배하기 위해 사람들이 길게 늘어서 있는 것이 보였다. 사제들이 구루들의 말씀을 노래하는 것은 사원 내의 어느 곳에서든 스피커를 통해 들을 수 있는데 어째서 저렇게 오랜 시간을 기다리면서까지 들어가려고 하는 것일까? 이런 궁금증은 '구루 그란드 사힙'이 우상 숭배를 금기시하는 시크교도들에게 있어 최고의 성물聖物이라 할 수 있으며, 이를 참배하는 것이 성지순례에 있어 가장 핵심이라는 것을 알고 나서야 풀렸다. 인도 TV 채널 중에는 하리 만디르에서의 종교 의식을 계속 방영하는 채널이 있다는 사실도 알게 되었는데, 이러한 미디어의 침투 역시 성지 순례라는 종교적 명맥을 약화시키지는 못하고 있음을 새삼 깨달았다.

사원 내에 있는 회랑의 한 벽에 기대어 잠시 평온한 오후를 즐겼다. 마음이 편안해졌다. 차분한 마음 한 구석에서 작은 위화감이 일었다. 1984년 과거의 '푸른별 작전'*의 흔적인 총탄 자국과 핏자국이 고스란히 남아 있는 벽에 기대어 편안함을 느낄 수 있다는 사실에 대한 위화감이었다.

장영원 고려대 지리학과 대학원생

* 1984년 인디라 간디가 황금 사원 내에 군을 들여보내 무장 소요를 유혈 진압한 사건. 인도 정부군의 황금 사원 진입 과정에서 시크교 지도자인 자르나일 싱(Jarnail Singh)이 살해되었고, 이에 대한 보복으로 1984년 10월 인디라 간디 총리가 시크교도 경비병에 의해 암살당한다.

다르질링,
식민지 시절 영국 총독의 별장이
호텔로 쓰이는 곳

친구 따라 인도를 왔다. 이번 방학엔 인도를 가자는 단 한마디에 무조건 나선 여행이었다. 델리Delhi-아그라Agra-잔시Jhansi-카주라호Khajuràho-알라하바드Allahabad-바라나시Varanasi를 지나오면서, 이제 볼 것은 어지간히 보았다고 만족하고 있었다. 다르질링Darjeeling은 인도에서의 마지막 여행지였다. 지명조차도 생소했기 때문에 별 기대는 없었다. 침대 열차를 타고 간다는 사실에 중요한 의미가 있었다.

다르질링은 인도 북서부 서벵골 주의 북부 고산지대에 있는 관광 휴양도시이다. 히말라야의 준봉 칸첸중가Kanchenjynga(8598m)의 남동쪽 기슭에 위치해 있으며 네팔, 부탄, 티베트로 통하는 교통의 요지이자 이들 지역의 상업 중심이다. 1833년 영국이 차를 재배하기 시작하면서 세계 2위의 차 생산국 인도를 대표하는 차 생산지로 유명하지만, 칸첸중가, 로체Lhotse, 마칼루Makalu, 에베레스트Everest 등의 히말라야 고산 준봉 경관을 눈으로 감상할 수 있는 전망지로도 유명하다.

다르질링 가는 길은 '인도로 가는 길'이었다. 그동안 지리 교과서 사진 속에서 많이 보았던 바라나시 강가의 가트Ghat에서 너무나 자연스럽게 공존

역 광장에서 밤새 기차를 기다린 사람들

하는 삶과 죽음의 일상을 보면서, "나는 인도를 보았다."라고 생각했었다. 그러나 같은 날 저녁 바라나시에서 18시 30분에 떠나기로 한 뉴 잘패구리New jalpaiguri 행 기차를 기다리면서 진짜 인도로 가는 길이 시작되었다.

기차는 7년 만에 찾아 온 심한 안개로 1~2시간마다 연착한다는 소식을 전해 들으면서, "오늘도 기차는 제때 오지 않는구나." "열흘 정도 지났으니 인도에 적응해야지." 성격 좋은 사람인 척 표정 관리하면서 단념했다. 썩 내키지 않지만 인도식 홍차 차이Chai도 마시고, 피부색은 물론 체형과 얼굴 생김새 등이 각기 다른 인도 사람들도 열심히 구경했다. 기차가 매우 늦어진다는 소식을 듣고 인근의 실크 공장엘 갔다. 손으로 짠 옷감들과, 그것의 판매를 위해 동원된 어린 소녀의 일명 까딱 춤Kathak dances도 보았다. 여흥보다는 연민을 자아내는 까딱 춤은 동남아시아의 춤과 비슷했다. 캄보디아 앙코르와트의 압살라Apsara가 이 모든 춤들의 중심일 것 같다는 생각이 들었다.

밤이 깊어지면서 1월의 인도 기온은 점점 낮아졌다. 떨면서, 졸면서 10시간을 기다렸더니 새벽 4시 20분경에 기차가 도착했다. 그 시간 기차역 광장은 당시 우리나라에서도 유행했던 파시미나와 같은 담요 한 장으로 몸을 감싸 웅크리고 자고 있는 사람들로 가득 차 있었다. 반면 역 건물 안은 거의 비어 있었다. 카스트의 하층민이나 하리잔들은 역 건물 안으로 함부로 들어올 수 없기 때문이다. 그즈음 해외 뉴스에서는 인도에서 많은 사람들이 동사하였다는 소식을 전했었다.

드디어 기차에 올랐다. 인도 북부 지역을 동서로 횡단하는 장거리 침대열차였다. 매우 이국적인 냄새를 참으면서 예약 침대석에 올랐다. 겹쳐 입었던 옷을 벗으려 움직일 때마다 날아다니는 바퀴벌레를 보면서 침대 열차에 대한 환상은 사라졌다. 여고 시절부터 품어온 시베리아 횡단 열차에 대한 꿈도 함께 접었다. 때마다 제공되는 식당차의 음식을 전폐하고, 한 번도 세탁하지 않았을 것 같은 이불을 덮고 열아홉 시간을 참고 견딘 보람으로 이튿날 밤 11시경 뉴 잘패구리에 도착했다. 역 광장 내외의 풍경은 바라나시와 다를 바 없었다. 정신을 차리고 짐을 정리해서 합승 지프로 3시간 정도 히말라야 산자락을 달렸다.

버스가 산자락을 돌 때마다 좌우로 휩쓸리면서 내다본 창 밖에 불빛은 보이지 않았다. 그래도 사람은 만났다. 깊은 산중, 깊은 시간에 버스는 서

경사지형을 그대로 활용한 영국 총독의 여름 별장이었던 호텔

너 차례 멈추었고, 그때마다 두건으로 얼굴을 가린 채 총을 든 사람들이 차에 올랐다. 때로는 현지 군인이고, 때로는 동네 민병대인 사람들의 검문이었다. 처음 비몽사몽간에 그들과 마주했을 때에는 드디어 내 인생이 히말라야 어느 산자락에서 끝나는 줄 알았다. 뉴스 매체에서 스카프로 복면한 아프간 반군들을 많이 보았음에도 불구하고, 그들이(?) 내 앞에 서 있을 때의 느낌이란…. 직접 경험이 주는 생생함 그 이상의 체험이었다. 이튿날 스카프로 얼굴을 가려 보았더니 우리도 꽤 흉악했다.

새벽 3시경 목적한 다르질링의 호텔에 도착했다. 초승달 모양의 산등성이를 따라 형성된 다르질링의 중심부에 위치한 호텔은 인도 식민지 시절, 영국 총독의 여름 별장이었다고 한다. 호텔의 건물 외관은 물론 객실 내부까지 당시의 시설을 그대로 보존하고 있었다. 온수 공급은 물론 난방도 되지 않는 객실은 우리에게 그 시절을 충분히 체험하게 해 주었다. 따스한 홍차와 비스킷으로 밤을 새다 보니 녹차와는 다른 홍차의 부드러운 맛과 비스킷이 홍차와 함께 하는 이유 또한 알게 되었다.

'히말라야의 여왕'이란 애칭을 가지고 있는 다르질링은 18세기 말 고대 인도의 시킴Sikkim 왕국으로부터 소유권을 이양받은 영국이 두 가지 목적을 가지고 개발하였다. 하나는 인도에 거주하는 영국인들이 더위를 피할 휴양지를 건설하는 것이고, 다른 하나는 기후와 토양을 최대한 활용해 차 재배지로 개발하는 것이었다. 당시 유럽에서 유일하게 차를 즐겼던 영국은 중국으로부터 찻잎 수입에 따른 비용을 줄이고, 안정적인 차 공급원을 확보하는 것이 시급했다. 때마침 벵골 만 건너의 영국령 미얀마에서 야생 차나무를 발견하였고, 콜카타Kolkata의 식물원에서 인공 재배에 성공하게 되면서 다르질링은 세계적인 홍차 생산지로 발돋움하게 된다. 차나무 재배는 다르질링, 아삼Assam, 닐기리Nilgiri와 스리랑카Sri Lanka로 옮겨졌고, 이들 지역은 현재 세계적인 홍차 생산지가 되었다. 다르질링에서 생산된 홍차는 아삼 지방에서 생산된 홍차와 함께 콜카타를 통해 영국 등지로 수출된다.

일정이 지체되어 다르질링의 남쪽 끝자락에 있는 타이거 힐Tiger hill에서의 일출 관람 대신 호텔 위쪽에 있는 힌두 사원에서 소박하게 일출을 감상하였다. 대부분의 힌두 사원이 그러하듯 새벽의 사원은 검은 연기를 자아내는 향불, 사람들이 올려놓은 곡식·과일·꽃, 순례자들과 사람들이 남긴 여러 가지 흔적들로 번잡했다. 산간 곡지의 새벽 안개가 서서히 걷히면서 발 아래 경관들이 점점 뚜렷해졌다. 바로 앞에서 마주하고 있는 듯한 칸첸중가의 장엄함과 그 기슭에서 끝없이 이어지는 계단식 차밭의 녹색 향연은 전날의 모든 불편과 불평을 사라지게 했다. 다르질링의 중심부에는 서 벵갈주 관광청, 식물원, 박물관, 우체국, 병원, 호텔, 사원, 성당 등 중심지의 주요 기능들이

한 뼘의 평지와 경사지로 이루어진 지형에 빼곡히 자리잡고 있었다.

해발 2300m에 위치해 있는 이곳에 기차역도 있었다. 아침 일찍 뉴 잘패구리에서 출발해 6시간 걸려 다르질링으로 올라오는 기차는 말 그대로 장난감 같았다. 이 기차는 1881년 영국인들이 다르질링산 차의 효율적인 운송을 위해 부설한 협궤 열차라고 한다. 이 철도는 '혁신적 교통시설이 다문화 지역의 사회적, 경제적 발전에 미친 영향을 잘 보여 주는 유적으로, 세계 많은 지역의 발전 모델이 된다'는 점에서 세계 문화 유산으로 등록되어 있는 문화재이다. 기차가 소박한 역 구내로 들어서면서 기적을 울릴 때까지 아이들은 철길에서 놀고 있었다. 알루미늄 그릇 서너 개를 온 가족이 둘러앉아 열심히 닦으면서 오가는 사람들을 구경하던 집시 가족들도 천천히 일어났다. 세계 문화 유산이지만 이 지역 사람들에게는 일상적인 삶의 공간이었다.

기찻길 옆 집시 가족은 피부색이 희고 이목구비가 뚜렷하며 검은 눈이 깊은 사람들이었지만, 이 지역 대부분의 주민은 키가 작고 깡마르며 우리네와 생김새가 비슷한 고산족들이었다. 물론 호텔이나 식당 주인들 중에는 네팔 사람도 많았고, 북쪽에는 티베트 난민 센터도 있었으며, 부탄 인들도 많다고 했다. 중심지인 촉 바자르Chowk Bazaar 근처에는 영국 식민지 시절에 지어진 고풍스런 건물들도 많고 성당도 있었다. 전형적인 힌두 사원과 불교 사원도 있었지만, 불교 사원 같은 힌두 사원도 있고, 힌두 사원 같은 불교 사원도 있었다. 이곳에서 만난 다문화 경관은 이번 여행에서 얻는 특별 보너스였다. 일찍부터 이 지역에 거주해 온 고산족은 고르카Gorka족이다. 이들은 인도로부터의 분리 독립을 요구해 왔으며, 서벵골 주 정부는 '다르질링 고르카 힐 위원회'를 구성하고 일부 자치권을 주기도 했지만, 분리 독립에 대한 이들의 요

1. 다르질링의 협궤철도

2. 다르질링의 토이트레인

구는 계속되고 있다고 한다. 이렇게 이 지역은 지극히 인도다운 지역이면서도 또 다른 인도의 문화를 가지고 있는 인도속의 인도였다. 다르질링을 내려오는 산모퉁이를 돌아서 어쩌다 보이는 한두 채의 민가는 참으로 소박했지만, 그 척박한 환경에서도 집집마다 앞 뜨락에 내놓은 예쁜 화분은 그들만의 따뜻한 마음으로 느껴졌다.

강창숙 충북대 지리교육과 교수

Travel 7

동남아시아, 물과 함께 살아가는 나라들

톤레사프 호수, 프라혹 냄새가 물씬 나는 캄보디아 인의 삶터

메콩Mekong 강은 동남아시아 최대의 강으로 중국의 티베트 지방에서 발원하여 라오스, 캄보디아, 베트남을 따라 흐른다. 캄보디아 중앙부에 위치한 톤레사프Tonle Sap 호수는 총 길이가 420km에 달하는 톤레사프 강을 통해서 메콩강으로 이어진다.

톤레사프는 캄보디아어로 '담수의 넓은 퍼짐'이라는 의미를 가지고 있으며, 11월부터 이듬해 4월까지 물이 빠지고 5월부터 10월까지 호수가 범람한다. 톤레사프 호수는 건기의 막바지에 이르러 그 면적이 약 2,500km²으로 줄고 수심도 1m정도까지 줄다가, 우기가 정점에 이르면 제주도의 8배에 가까운 약 14,500km²로 커지고 물의 깊이 또한 12m까지 깊어진다. 건기에는 톤레사프의 물이 톤레사프 강으로 흘러 프놈펜 부근에서 메콩 강과 합류하고, 여름 우기에는 프놈펜으로부터 물이 역류하여 호수로 들어가 유량을 조절하는 기능을 한다.

이러한 건기와 우기의 호수 크기의 변화로 육상에서 자란 식물의 유기물이 풍부하게 공급되어 잉어, 메기, 담치, 청어, 농어 등 600여종 이상의 담수

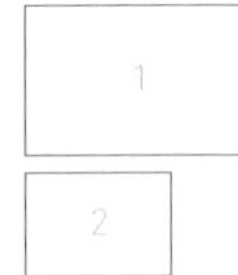

1, 2. 톤레사프 호수 주변 가옥, 건기와 우기의 모습이 다르다.

메콩 강과 이어져 유량 조절의 역할을 하는 거대한 호수 톤레사프

어가 서식하며, 이곳에서 생산된 생선은 캄보디아 국민이 섭취하는 단백질 양의 60%를 차지한다. 또한 건기에는 호수 주변 충적지에서 벼 등을 재배하여 톤레사프는 캄보디아의 중요한 식량 공급원이라고 할 수 있다. 건기의 정점에 이르는 12월부터 톤레사프 호수의 주변에는 캄보디아 전역에서 리엘riel이라는 물고기를 잡기 위해 사람들이 모여든다. 이들은 리엘이라는 물고기를 잡아 우리나라의 젓갈과 유사한 생선 발효 식품인 프라혹Prahok을 만드는데, 이 프라혹이 얼마나 중요한 음식인지는 캄보디아의 화폐 단위가 리엘인 것을 보면 알 수 있다. 프라혹은 크메르 인의 대표적인 음식이라고 할 수 있지만, 강하고

자극적인 냄새와 맛을 가지고 있어 외국인들이 이 맛을 꺼린다. 이와 관련하여 캄보디아에 불법 체류하고 있는 베트남인들을 구별해 내기 위해 국무회의 석상에서 보사부 장관이 프라혹을 먹여서 프라혹을 먹으면 캄보디아 인이요 먹지 못하면 베트남 인으로 판단하자는 아이디어를 냈다는 재미있는 에피소드가 있다.

중국의 황하처럼 전체가 탁한 황토색인 톤레사프 호수와 그 주변에는 뗏목이나 목선 위에 집을 짓고 살아가는 수상촌이 만들어져 있다. 이 수상촌 사람들은 톤레사프 호수의 물로 일상적인 생활을 하는데, 배 위에 사람뿐만 아니라 가축도 같이 생활하고 있다. 수상촌에는 수상 학교, 수상 병원, 수상 교회, 수상 주유소, 수상 가게 등 다양한 편의 시설을 갖추고 있다. 또한 수상촌에도 빈부 차이가 있어 수상 가옥의 평수와 내부 인테리어도 다양하다.

그곳에 가면 흙탕물에서 목욕하는 사람들, 그물을 던져 고기를 잡는 사람들, 배를 타고 야채와 과일을 파는 아낙네들, 집 전체를 큰 배에 연결하여 이사가는 사람들, 학교를 가기 위해 교복을 입고 배를 타고 가는 학생들을 쉽게 볼 수가 있다. 그들은 육지에 사람들이 살아가는 것과 같이 물 위에서 태어나 물 위에서 다양한 삶을 살아가고 있다.

임은진 공주대 지리교육과 교수

호이안, 베트남의 고대 도시

약 400년 전 파이포Faifo라는 국제 항구는 동남아시아를 포함한 아시아에서 중요하고 또 유명한 항구 도시였다. 유럽과 아시아 각지에서 몰려드는 배들로 성황을 이루었으며, 덕분에 파이포라고 불리웠던 지금의 호이안은 다문화적·상업적 항구 도시로서 동남아시아의 비즈니스 센터로서의 역할을 수행하였다. 호이안Hoi An이라는 이름은 20세기 후반 베트남이 재통일되면서 붙여진 이름이지만, 지금도 살아 있는 박물관의 역할을 수행하는 곳이며 보존과 관광의 틈새에서 적절한 조화를 이루며 지속되고 있는 세계 유산 지역이기도 하다.

호이안이 지녔던 이러한 역사는 호이안에 중국, 일본, 베트남 건축 문화의 혼합 경관을 나타내게 되었으며 이러한 결과는 호이안을 방문했을 때 쉽게 발견할 수 있다. 더구나 호이안을 상징하는 상징물이 일본 다리Japanese Bridge라고 한다면 호이안을 이해하기가 더 수월해질지 모르겠다. 호이안의 역사지구를 방문하면 베트남의 전통적 가옥에 중국의 절을 비롯한 중국식 건축물이 이어져 있고, 강의 양 지역을 연결하는 가장 상징적인 지역에 일본 다리가 놓여 있다.

더구나 제2차 세계대전의 패망국인 일본은 바로 전쟁에 패배한 8월 중순경, 이곳 호이안에 많은 돈을 투자하여 재팬-호이안 페스티벌Japan-Hoi An

1 | 2 1. 호이안 시의 상징 2. 호이안이 세계유산임을 알리는 현수막

Festival을 개최한다. 올해로 벌써 7번째, 수많은 일본인들이 이곳을 방문하며 전쟁의 패망국임을 완전히 잊어버린 채 국회의원, 지방자치제의 고위 관리, 학자들이나 일반인들 모두 이 지역이 자신들의 땅인 양 즐기고 다닌다. 베트남도 일본에 의해 많은 폐해를 입었던 곳이고 많은 사람들이 아직도 잊지 못하고 있다는 것을 기억하고 있는데 이곳 호이안 사람들이나 이곳에 온 일본인들은 과거사는 완전히 잊은 듯 전혀 다른 세계에서 즐기고 있는 것을 보게 된다. 나로서는 너무나 의외의 축제 행사에 할 말을 잃어버렸다. 왜 일본 다리를 호이안의 상징으로 했느냐는 나의 질문이 이해되지 않는 듯한 호이안 정부 관리들의 표정에서 일본인들의 정책적 재정 지원이 성공으로 이어지고 있다는 것을 확인할 수 있는, 조금은 화가 나는 곳이기도 하다.

호이안을 2007년과 2009년 두 번 방문했지만, 몇 년 사이에 변한 것은

일본 다리

역사 지구의 전통 건물 중 일부가 호텔로 바뀌었고, 활기차던 재래 시장이 환경 개선이라는 명목 하에 사라진 것이었다. 물론 건물이 완성되고 나면 그 자리에 다시 시장이 세워지겠지만 그래도 노천에 세워져 있던 재래 시장이 그리워지는 것은 나만은 아닐 것 같다는 생각을 했다.

여름이어서인지 아침 일찍부터 많은 사람들이 등교, 출근하느라 바쁜 호이안의 모습에서는 생기가 느껴졌다. 하이얀 아오자이를 입고 자전거를 타고 등교하는 한 무리의 여고생들의 모습은 한 폭의 그림 같았고, 아침식사를 집에서 하는 것이 아니라 길거리에서 하는 모습은 중국, 대만, 태국 등과 다

호이안의 아침 모습. 이곳 사람들은 집에서 아침을 먹지 않고 길거리에서 사 먹는다.

를 바가 없었다. 공산주의 국가라는 느낌이 거의 안 들 정도의 거리 모습이었으나 회의장에 나온 고위 공무원의 직함에 코뮤니스트communist라는 단어가 들어가는 것에서, 그리고 중학교 학생들의 하얀 와이셔츠에 매달린 빨간 머플러에서 이 나라의 정체성을 확인하였다. 또한 옛 사이공Saigon 시인 호치민Hô Chi Minh 시에서는 우리나라의 버스가 호이안을 누비는 모습을 흔히 볼 수 있다. 베트남 속의 대한민국을 발견할 수 있는 순간이다.

비행기를 타러 다낭Da Nang으로 나오는 길에 주변 해안 지역이 대규모의 리조트 지역으로 변모해 가는 모습을 보았다. 그 광경을 보며 베트남이 지닌

1. 등교하는 학생들

2. 등굣길의 학생들, 아오자이가 고등학생들의 교복이다.

연세 대학이라는 영문명이 뚜렷한 버스, 한국에서 중고차를 수입해 갔음을 확인할 수 있다.

천연의 모습은 곧 사라지겠구나 하는 마음에 매우 안타까웠다. 자연 환경을 고려한다지만, 웅장하게 지어지는 호텔의 모습은 지속가능한 환경을 보존한다는 내용과는 거리가 멀어 보였다. 더구나 호이안이 전쟁의 격전지였던 다낭 부근에 위치한 하나의 관광지로 전락하는 것이 아닌가 하는 우려도 함께였다.

이혜은 동국대 지리교육과 교수

필리핀에는 어디서도 볼 수 없는 특별한 탈거리가 있다

관광 교통Transport tourism이란 관광과 교통이 함께 어우러져 어떻게 관광 교통 경험이 되는지를 설명하는 개념이다. 여기서 교통은 관광객을 이곳에서 저곳으로 이동시키는 목적으로 사용하는 용어이지만, 관광 교통은 교통이 관광 활동과 합쳐짐으로 인해, 교통 자체의 특성과 더불어 관광지의 위치·매력·전통, 그리고 관광객들의 관심의 정도·즐거움·새로움 등의 가치까지 제공할 수 있는 개념이다. 따라서 관광 교통은 관광 경험의 중요한 부분으로 간주되어진다.

이러한 측면에서 필리핀 마닐라 근교에서의 관광 교통 수단 체험은 개인적으로는 상당히 의미 있는 경험이었다. 여기서는 필리핀의 마닐라Manila를 비롯하여, 그 주변에 위치한 카비테Cavite주 따가이따이Tagay Tay와 라구나Laguna주 팍상한Pagsanjan에서 체험한 관광 교통 수단의 특징에 대해 서술하고자 한다.

자유가 주는 개성만점의 교통 수단, 지프니(Jeepney)

필리핀에 가면 지프니Jeepney를 만나볼 수 있다. 말 그대로 지프니는 Jeep(지프 자동차)와 Pony(조랑말)의 합성어로서, 제2차 세계대전 당시 미군이 사용하던 지프 자동차를 개조하여 만든 필리핀 특유의 대중교통 수단이다. 현재는 외국의 중고 디젤 엔진과 부품 등을 수입하여 제작한다. 지프니는 서민들이 애용하는 교통 수단이고, 필리핀 사람들의 대부분은 주로 지프니를 갈아타며 이동한다.

필리핀의 수도 마닐라에서 처음 만난 지프니는 중고차를 개조한 것이라 그런지, 차량 자체는 많이 낡았지만 외관은 무척 화려했다. 정신없이 꾸며져 있어 어떤 것은 매우 지저분해 보이기도 하지만, 운전수의 취향에 따른 개성이 나타나기 때문에 더 독특해 보이는 교통 수단이기도 하다. 마닐라 시내 곳곳에서는 화려하게 치장된 지프니를 만날 수 있는데, 지프니를 잘 꾸민 것이 차주에게는 자랑거리라고 한다.

지프니는 뒤편에서 탑승한다. 내부에는 양옆으로 의자가 있어, 자리가 날 경우에는 앉아서 갈 수가 있다. 지프니에서는 어린이와 여자에게는 자리를 양보해야 하지만, 노인에게는 자리 양보를 하지 않는다고 한다. 또한 종종 내부에 자리가 있는데도 차 밖에서 대롱대롱 매달려 가는 사람들을 볼 수가 있는데, 그런 경우는 무임승차한 경우이다. 커브를 돌 때 매달린 사람들이 우수수 떨어지는 장면을 목격한 적이 있는데, 순간 웃음이 나기도 했지만 상당히 위험해 보였다.

노선은 정해져 있어, 구간이 적힌 종이가 앞유리나 옆면에 부착되어 있어서 대개 노선을 확인 후 탑승한다. 승차 요금은 거리에 따라 달라지는데, 마닐라의 경우 기본요금은 7.5페소이다(2008년 기준).

처음 지프니를 마주하게 되면 과장되게 치장된 외관, 다닥다닥 붙어있는 승객들, 뿜어져 나오는 매연 등을 보게 된다. 별로 타 보고 싶지 않은 교통 수단일 수도 있겠으나, 나름대로 아기자기한 내부를 지니고 있고, 또 함

1. 필리핀 특유의 대중 교통 수단 '지프니'

2. 지프니 전면

1. 거리를 누비는 지프니

2. 지프니 내부

께 타는 승객끼리의 인간다운 소박한 정이 느껴지는 수단이기도 하다. 예를 들면 (지프니에는 승차 요금을 받는 차장이 있기도 하고 없기도 한데) 차장이 없는 경우, 요금을 내야 하는데 운전수에게 손이 닿지 않을 때 옆 사람에게 돈을 주면 안쪽 사람에게, 또 그 사람은 안쪽 사람에게, 이런 식으로 운전수에게 전달하는 모습을 볼 수가 있다. 거스름돈 역시 그 역방향으로 전달된다. 뿐만 아니라 승객이 목적지에 도착하여 내릴 때에는 천장을 두드리면서 "Para po!(stop의 의미를 지닌 따갈로그어)"를 외치면 세워 준다. 마찬가지로 지프니를 탈 때에도 지프니가 지날 때 손을 흔들면 세워 주기도 하는, 규격화되지 않은 그들만의 정겨운 시스템을 가지고 있다.

필리핀 사람들을 느껴 보려면 지프니를 타 보라고 말하고 싶다. 누구에게나 열어 놓은 개방성과 규격화되지 않은 자유로움은 좁은 좌석이 주는 불편함도 기꺼이 참을 수 있게 한다. 지프니…. 필리핀 여행자라면 꼭 타 봐야 할 교통 수단이 아닐까?

거리의 검은 연기, 택시(Taxi)와 버스(Bus)

마닐라에서 한국인들이 가장 많이 이용하는 것이 택시다. 대개 일본의 중고차(80~90년대 도요타의 '코로나'가 많다)를 이용하는데, 간혹 한국의 중고차(기아의 '프라이드')로 만들어진 것도 볼 수 있다. 이렇듯 필리핀의 택시는 대부분 낡은 중고차라서 승차감도 안 좋고, 매연도 엄청나다.

마닐라 택시의 기본요금은 40페소이고, 2km 기본 거리 이후에는 200m 당 2.5페소씩 요금이 상승한다(2008년 기준). 그러나 한국의 택시 요금과는 달리 신호에 걸려 정지한 상태에서는 요금이 올라가지 않는다. 즉 거리당 요금은 오르나 시간당 요금은 오르지 않는 시스템이므로 택시 운전사들은 교통 정체가 심한 곳으로는 잘 가지 않는 경향이 있다. 대신 장거리의 경우 20~30%의 추가 요금은 감안하고 타야 한다.

택시를 탈 때 주의할 점이 있다. 탈 때는 꼭 "Turn on Meter po! (미터기를 켜 주세요)"라고 말해야 하며, 가급적 잔돈을 준비해두는 게 좋다. 간혹 미터기를 켜지 않고 운행하다가 도착지에서 터무니없는 돈을 요구하거나 잔돈을 거슬러 주지 않는 운전사들이 있기 때문이다.

버스 역시 택시와 마찬가지로 중고차를 이용하고 있다. 80년대 한국의 좌석버스였던 것이 현재에는 필리핀의 버스로 이용되고 있는 모습도 볼 수 있다. 오래된 중고차이므로 지프니, 택시와 더불어 매연이 엄청나다는 특징이 있다. 일반적으로 2~3시간 내 장거리 이동은 버스로 한다. 남성 차장이 돈을 받고 버스 표를 주는 형태를 띠고 있는데, 목적지에 따라 요금의 차이가 있다. 차장에게 목적지를 말하면 요금을 알려 준다(기본 9페소). 버스도 지프니처럼 버스 번호가 없고, 앞유리에 노선을 적어 놓는다. 필리핀의 버스는 '에어컨 버스'와 '노우(No) 에어컨 버스'가 있는데, 가급적 버스 이용시 앞에 'AIR CON'이 적혀 있고 유리창이 닫혀 있는 버스를 이용하기를 권장한다. 알다시피 필리핀의 날씨는 매우 무덥기 때문이다.

골목골목을 누비는 즐거움, 트라이시클(tricycle)

마닐라의 변두리에서는 트라이시클을 만나볼 수 있다. 트라이시클은 쉽게 말해 바퀴가 3개 달린 오토바이라고 할 수 있다. 보통 100cc 미만의 중고 오토바이 우측 혹은 뒤에 사람이 탈 수 있는 수레를 달아 이용하는 교통 수단으로, 단거리만 가능하다. 트라이시클 역시 매연이 심해 대기 오염의 주범이다. 하지만 지프니가 갈 수 없는 좁은 골목에 유용하고, 요금이 저렴(기본 5페소 내외)하여 서민들의 사랑을 받고 있는 교통 수단이다. 관광객을 위해 뒤에 사륜차를 연결하여 운행하기도 한다.

관광 교통 수단으로서의 트라이시클의 요금 체계는 두 가지가 있다. 첫

1, 2. 트라이시클. 오토바이를 개조한 필리핀 특유의 교통 수단

째, 노멀normal은 4~5명의 인원수가 다 채워질 때까지 기다려서 타는 경우, 둘째로 스페셜special은 인원수가 찰 때까지 기다릴 필요 없이 혼자 타서 전체 이용 요금을 내는 경우이다. 당연한 얘기겠지만 스페셜(12~15페소)보다 노멀(5페소)이 훨씬 저렴하다.

주의할 점은 내릴 때 차비를 주기 때문에, 처음 탑승시 흥정을 해야 한다. 가격 흥정 없이 이용했다간 내릴 때 터무니없는 가격을 지불해야 하는 경우가 발생한다니 말이다. 또한 개개인의 차이에 따라 다르겠지만 트라이시클 운전 기사들 간의 스피드 경쟁으로, 탑승 내내 조마조마한 가슴앓이를 하기도 한다. 개인적으로는 스릴을 맛볼 수 있어서 재미는 있었다.

머리 위로 펼쳐진 날개에 의존하는 필리핀의 전통 배, 방카(banca)

마닐라에서 약 1시간 30분 정도를 가면, 카비테Cavite주의 따가이따이Tagay Tay

에 도착할 수 있다. 따가이따이는 따알Taal 화산과 따알Taal 호수가 있어 이들이 빚어낸 멋진 경관을 보기 위해 많은 관광객들이 찾는 곳이다.

따가이따이에서는 방카를 타 볼 수 있는 기회가 주어진다. 필리핀 원주민들의 교통 수단이었던 방카는 20명 내외가 정원으로, 가까운 섬과 섬을 연결하는 수단으로 이용되어 왔다. 방카는 배의 균형을 잡아 주기 위해 양옆에 나무를 이어 엮은 날개를 달고 있는 것이 특징이다.

출렁거리는 물결에도 아랑곳없이 쾌속하는 방카를 타고, 따알 호수를 건너 한가운데에 있는 화산섬의 장관을 감상해 볼 수 있다. 그런데 어찌나 방카가 심하게 울렁거리던지, 저 주황색 구명조끼를 몇 번이고 꼭꼭 여몄는지 모른다.

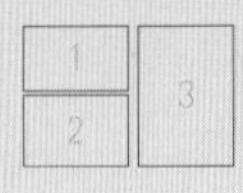

1, 2, 3. 방카. 필리핀의 전통 배

미안한 트래킹 코스, 조랑말(Pony)

따가이따이에서 방카를 타고 화산섬에 도착하면, 조랑말을 타고 세계의 가장 작은 활화산의 정상까지 갔다가 다시 내려오는 트래킹tracking 코스가 있다. 선택의 여지가 없이 이곳에 온 거의 모든 관광객들은 스스로의 무게에 대한 미안함을 뒤로 하고, 저 작은 조랑말에 올라타야 한다. 조랑말에 올라타면 헐떡거리며 힘겹게 오르내리는 조랑말의 숨소리를 들을 수가 있다. 너무나 미안한 마음이다. 어디 그뿐이랴! 그 조랑말을 인도하는 마부 역시 함께 가는데, 찢어진 신발 혹은 맨발로 흙먼지 휘날리는 척박한 대지를 밟고 걷는 모습을 보고 있자니, 조랑말에 탄 내 마음은 천근만근 미안함으로 가득 찼다. 그들의 억센 노동이 몇 푼의 팁만으로 가치를 대신할 수 있을까? 참으로 미안한 체험이었다.

조랑말 트래킹

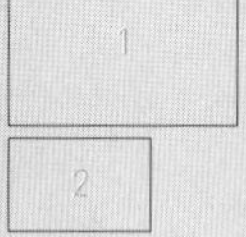

1. 통나무 배를 타고 가는 모습

2. 팍상한의 통나무배

카누처럼 생긴 작은 통나무배, 미니 방카(mini-banca)

라구나Laguna주 팍상한 폭포Pagsanjan Falls는 마닐라에서 자동차로 약 2시간 거리에 있는 세계 7대 절경 가운데 하나로, 낙차가 약 100m에 이르는 큰 폭포이다. 팍상한 폭포에 이르려면, 좁고 기다랗게 만들어진 작은 통나무배(길쭉한 카누처럼 생겼는데, 속칭 미니 방카라고도 불린다)를 타고 급류를 1시간가량 거슬러 올라가야 한다. 이 배는 보트맨boat-man이라 불리는 사공 둘과 함께 탑승을 해야 하는데, 출발 전에 보트맨은 온몸이 물에 젖고 배가 뒤집힐 수도 있으니 조심하라는 경고를 한다.

호기심 반, 기대 반으로 배에 올랐는데, 이 작은 통나무배는 균형을 잘 잡지 않으면 금새라도 배가 기울어 빠질 듯한 아슬아슬함이 느껴진다. 팍상한 폭포로 이르는 길은 심한 난코스 구간인데, 가는 동안 배 바닥은 수시로 돌에 긁히고, 노를 저을 수 없을 정도로 돌부리가 심하게 튀어나온 부분에서는 보트맨들이 배를 밀고 끌면서 간다. 마른 체형의 보트맨들이 두 명의 승객을 태운 통나무배를 끌며 물길 속을 걸어갈 때에는 삶의 처절함마저 배어 나온다. 관광객의 입장에선 정말 한없이 미안해질 수밖에 없는, 그리고 안타까울 수밖에 없는 체험이었다.

분명 필리핀은 다양한 관광 교통 수단을 경험해 볼 수 있는 곳임에 틀림이 없다. 그 느낌이 정겨운 것이든, 신기한 것이든, 짜증나는 것이든, 미안한 것이든 간에 일단 필리핀에 왔다면 느껴 보자! 찌는 듯한 더위 속에서 부코 파이(Buko Pie) 한 쪽의 여유를 즐기며, 신비롭고 다양한 색채를 지닌 그들의 자유로운 풍경을 보다 보면, 저절로 무언가를 타 보고 싶은 호기심이 생겨나지 않을까?

정은혜 경희대·상명대 지리학과 강사

Travel 8

오세아니아, 신의 축복을 받은 자연 환경

푸른 안개의 산,
블루 마운틴

2005년 여름, 대학생이 되고 처음 맞는 방학. 자유의 예감에 가슴이 터질 듯 했다. 누구나 스무 살에 느끼는 '이제 나는 어른' 이라는 치기가 가득했던 나는 더 이상 엄마 아빠의 보호 아래에 졸졸 쫓아다니는 여행은 할 수 없다고 결심하여 무작정 가방을 쌌다. 목적지는 호주. Welcome back to Sydney!

10시간이 조금 넘는 비행 시간 후 시드니 공항에 내리자 차가운 공기에 코가 싸해졌다. 한국에서의 반팔, 반바지 차림 그대로였던 나는 두꺼운 점퍼 차림의 사람들을 보자 적도를 지나 남반구에 도착한 사실이 그때서야 실감이 났다. 호텔에 짐을 풀고 오페라 하우스며 하버 브릿지, 하이드 파크 등이 있는 시티 내에서 며칠간 시간을 보내다가 시드니 근교에 위치한 블루 마운틴Blue Mountain에 가 보기로 했다. 그곳 역시 이미 유명한 관광지로 알려져 있어 패키지 여행을 하는 한국인 및 중국인이 많았는데, 자유 여행의 경우 기차를 타고 알아서 스스로 찾아가는 방법도 있지만* 많은 현지 여행사에서 선

* 중요한 팁 하나. 호주에서는 대중교통 이용시 음식물을 반입하여 먹는 행위를 엄격히 금지하고 있다. 여기에는 간단한 스낵이나 음료수 종류도 포함되어 있는데 음식 냄새나 쓰레기로 인해 주위 사람들에게 피해를 준다고 생각되기 때문이다. 호주 인의 철저한 개인주의적 성향을 엿볼 수 있는 부분이다.

1. 평평한 봉우리를 가진 블루 마운틴의 전경

2. 독특한 모양의 세 자매 봉

보이고 있는 비교적 저렴한 가격의 투어 상품도 권할 만하다.*

버스에서 내린 곳은 블루 마운틴의 에코 포인트echo point였다. 신기한 것은 분명 산꼭대기인데 마치 광장처럼 지대가 넓게 펼쳐져 있다는 것이다. 관광지를 만들 목적으로 산마루를 일부러 갈아 엎고 평평하게 고른 게 아닌가 싶어서 주위를 둘러보니 대부분의 산이 꼭대기가 평평한 모양이어서 독특한 느낌이 났다. 이 지역은 현세와 비교적 가까운 과거인 신생대 제 3기인 플라이오세 때 동쪽에서 발생한 강한 압력으로 단층 및 습곡이 형성되어 단층선곡이며 해발 약 1000m인 지금의 빅토리아 산맥이 형성되었는데, 그 산맥의 일부가 블루 마운틴이었다.

호주는 선사시대부터 존재했고 1억 5000만 년 전에 분리되기 시작한 곤드와나 대륙의 일부이다. 이 대륙은 호주와 남극 대륙, 남아메리카, 아프리카, 인도, 마다가스카르, 뉴질랜드로 갈라졌다. 호주는 약 4500만 년 전에 곤드와나 대륙에서 떨어져 나왔다. 호주는 사실 대단히 오래된 땅이다. 지질시대로 따지면 6억만 년 전인 선캄브리아시대부터 존재했으니 말이다. 유럽과 미국 대륙이 단지 6500만 년 전에 생긴 것과 비교해보면 더욱 그렇다. 전반적으로 평평한 지세를 자랑하는 호주 동부의 그레이트디바이딩 산맥Great Dividing Range은 남북으로 퀸즐랜드 주부터 빅토리아 주까지 뻗어 있는데 탁상지, 고원 등으로 이루어져 있다. 우리나라 어린이들은 산을 그릴 때 끝이 뾰족한 삼각형 모양을 그리지만 호주 어린이들은 산을 그릴 때 뾰족한 봉우리가 없는 평평한 산을 그린다고 한다. 블루 마운틴을 보자 그 말이 실감이 났다.

* 2009년 말 현지 투어 프로그램의 비용은 호주 달러로 약 90불이다.

블루 마운틴이란 이름은 멀리서 보았을 때 진한 푸른색을 띠고 있기 때문에 붙여진 이름이다. 이 푸른빛은 유칼리나무에서 증발된 유액 사이로 태양 광선이 통과하면서 파장이 가장 짧은 푸른빛을 반사하면서 생긴 것이다. 산을 가득 메우고 있는 91종이나 되는 다양한 유칼리나무의 잎사귀는 코알라의 주식이며, 잎사귀의 유액으로 인해 코알라는 살아 있는 대부분의 시간을 잠으로 보낸다. 산지의 대부분은 붉은 색을 띤 사암층砂岩層으로 구성되어 있으며 곳곳에서 사암이 침식되면서 생긴 수직 절벽들을 볼 수 있다.

이야기를 다시 되돌려 버스가 정차한 에코 포인트로 가 보자. 에코 포인트에서 바라보면 블루 마운틴의 가장 유명한 관광지인 세 자매 봉이 한눈에 들어왔다. 세 자매 봉에 얽힌 전설은 세계 어느 곳에서나 흔히 들어 볼 수 있는 약간은 유치한 것이었는데, 간단히 소개하자면 이렇다.

아주 먼 옛날, 제미슨 밸리Jamison Valley라는 곳의 카툰사 마을에는 아름다운 세 자매가 살고 있었다. 메니Meehni, 윔라Wimlah, 구네두Gunnedoo라는 세 자매는 이웃 마을 네핀 부족인 3명의 형제와 사랑에 빠졌는데 평소 카툰사와 네핀 두 마을은 사이가 좋지 않은 터라 부족 사이의 혼인이 법으로 금지되어 있었다. 이에 화가 난 네핀 부족 3형제는 무모하게 전쟁을 일으켰고, 전쟁이 나자 카툰사 마을의 마법사가 세 자매를 빼앗기지 않을 작정으로 다급히 그녀들을 바위로 만들어 버렸다. 마법사는 세 자매를 잠시 바위로 만들었다가 전쟁이 끝나면 원래 모습으로 되돌려 놓을 생각이었지만, 전쟁 중에 마법사는 죽어 버리고 세 자매는 지금까지 바위로 남아 있다.*

세 자매 봉을 넘어 푸르른 안개에 싸인 신비한 블루 마운틴을 관망하고 여기저기 돌아다니고 있을 때였다. 관광객들 사이로 눈에 띄는 한 남자가 보였다. 호주의 원주민인 애버리지니Aborigine였다. 그는 엄청나게 긴 파이프 같은 것을 들고 있었다. 말로만 듣던 디저리두Didgeridoo는 애버리지니의 전통 관악기였는데, 신기한 마음에 아저씨한테 말을 붙여 보았다. 내 질문에는 시큰둥하게 대답도 제대로 안하던 아저씨가 사진을 찍을 거냐며 퉁명스럽게 물어 온다. 아니라고 답하니 그는 나를 지나쳐 관광객들 무리 근처로 가 버렸다. 디저리두를 불면서 관광객들과 사진을 찍어 주고 몇 불씩 받는 게 그의 직업인 듯했다. 한 때는 이 넓은 호주 대륙을 호령하던 그들이 백인들의 침입에 의해 몰락한 삶을 여실히 보여 주는 것 같아 가슴이 아팠다.

통계에 따르면 현재 약 30만 명의 애버리지니가 호주 전 지역에 걸쳐 살고 있고, 이 중 30% 이상이 백인 혹은 동양인들과의 사이에서 태어난 혼혈인이라고 한다. 영국은 미개한 애버리지니를 문명화한다는 미명 아래 원주민의 어린 자녀들을 부모에게서 강제로 떼어와 영국인 가정에 입양시키고 혼혈을 장려하는 등의 식민 정책을 폈는데 이를 스톨른 제너레이션stolen generation이라 한다. 철저한 백호주의 정책을 펴던 호주는 1962년에 이르러서야 원주민에게 참정권을 부여하였고, 1997년에는 종교 단체인 교회에서 백

* 세 자매 봉에 대한 전설은 여러 가지 버전이 존재하지만 '마법사(혹은 마왕)로 인해 세 자매가 바위가 되었다는 점'은 공통된 핵심 스토리이다.

블루 마운틴에서 만난 애버리지니 아저씨

인들이 그들에게 저질렀던 죄에 대해 공식적인 사과를 하였다. 1998년 5월 25일에 지정된 소리 데이Sorry Day는 백인들의 사과와 함께 백인과 원주민들 간의 화합을 위한 것이라고 한다.

한국으로 돌아와 호주 여행을 떠올리면 가장 먼저 생각나는 곳인 블루 마운틴. 분명 그곳은 독특한 산세와 아름다운 바위 그리고 신비로운 푸른 안개가 대표적인 곳이다. 그렇게 아름다운 곳이 사람들이 손이 닿지 않게 잘 보존되어 있다는 점에서 호주 인이 가진 선진 환경 의식에 깊은 감명을 받았으나, 한편으로는 그늘진 애버리지니의 삶도 함께 떠오른다.

최수미 고려대 지리학과 대학원생

크라이스트처치를 돋보이게 하는 것은 잘 관리된 하천 수계와 습지

우리는 해외 각국에 대해 매스컴이나 관광 홍보를 위해 잘 포장된 일부의 현실을 그 국가의 전체 모습인 양 받아들이는 경우가 많다. 그래서 많은 국가와 도시들이 이미지 홍보에 열을 올리는 것이다. 뉴질랜드는 푸른 잔디와 한가로운 양떼, 때묻지 않은 태고적 자연 환경 등 목가적이고 강력한 환경보전국의 이미지가 강하다. 다른 영어권 선진국들에 비해 덜 발달된 도시 문화와 비교적 저렴한 비용으로 좋은 교육을 받을 수 있으리라는 기대를 가지고 교육 이민이나 유학길에 오르는 사람이 많은 것도 이 때문일 것이다.

뉴질랜드 남섬의 중심인 크라이스트처치Christchurch는 남반구의 정원 도시라 불릴 정도로 정원 문화가 발달되어 있으며, 많은 시민들이 정원 가꾸기에 공을 들이는 것을 보고 또 느낄 수 있다. 길을 걸으면서 그냥 좌우로 눈만 돌리면 각 가정들의 정원을 즐길 수 있다. 특히 봄이면 다양한 꽃들이 흐드러지게 피어 있어 걷는 것 자체가 행복이다. 그런데 눈을 들어 좀 멀리 바라보면 민둥산 일색이다. 처음엔 무척 당황했다. 내게 환경 대국이라는 이미지는 울창한 삼림이 먼저 떠오르기 때문이다. 1960년대 초등학교 시절 우리의 민둥산은 무지와 가난이 빚어낸 부끄러운 이미지로 박혀 있다. 가난한 나라도 아니고, 환경에 위해가 될 것 같으면 많은 관광객을 싣고 입국한 비행기도 돌려보낸다고 들었는데, 민둥산이 웬말인가? 혹시 토양에 문제가 있는 것은 아닐까? 암석 산지인가? 의외로 눈짐작보다 고도가 높아서 식생이 불가능한 곳일지도 모른다고 생각했다. 나중에 알고 보니 목양을 위해 숲에 불을 지른 결과 산림이 대부분 사라진 것이라는 얘기를 들었다. 물론 관련 책자를 보면 크라이스트처치가 있는 캔터베리 평원 지역은 이미 수백 년 전부터 자연 발화로 인한 산불도 있었다고 한다. 그러나 산불에 의한 피해도 수십 년이 지나면 회복되는 걸 감안하면, 그 민둥산들이 19세기 중반 유입된 이민자들의 목양을 위한 초지 조성 때문이라는 것을 확신할 수 있다. 사실 목양을 위해 몇 차례 인클로저 운동도 거친 영국에서 이민 온 사람들과 그 후예들은 울창한 삼림보다 초지 구릉이 훨씬 익숙하고 아름답게 보일런지도 모르겠다.

관광 홍보 포스터 등에서 본 때묻지 않은 태고적 자연 환경은 인간의 정주지에서 멀리 떨어진 곳, 국토의 25% 정도에 남아 있을 따름이다. 특히 남섬의 남반부에 대부분 국립 공원으로 지정되어 보전되고 있다. 영국인들이 정원 가꾸기에 집착하는 것은 멀리 민둥산의 아픔을 내 정원의 아름다움에로 승화시키고자 한 것은 아니었을까?

크라이스트처치에 오는 관광객들이 꼭 들리는 곳이 헤글리 공원Hagley Park과 식물원이다. 도심에서 가까울 뿐만 아니라 입장료도 없고 무지 다양한 체험을 할 수 있기 때문이다. 일단 그 공원의 면적이 굉장하다. 무려 186ha에 달한다. 선견지명이 있던 선조들은 도시를 이루기 전부터 넓은 면적을 미래의 공원 부지로 확보하는 혜안을 가졌다.

1. 리카톤하우스, 개척자 딘 가족의 주택(1856)
2. 1844년 개척자 윌리엄 딘과 존 딘이 세운 캔터베리 평야의 최초의 오두막
3. 헤글리 공원을 지나는 에이번 강에서의 뱃놀이

도시를 관통하며 구불구불 유유히 흐르는 에이번 강Avon river이 이 공원을 휘감고 돌아 공원을 더욱 다채롭고 풍요롭게 해준다. 토종 외래종을 가리지 않고 각종 나무와 식생들이 자라고 있으며, 철따라 피는 꽃들로 눈이 즐겁고 즐길거리도 풍부하다. 하루 종일 보내도 다 보기 어려운 공간을 1시간 가량 머물고 떠나는 것은 아쉬운 일이다. 매일 찾아도 다채롭다. 시민들이 자부심을 가질 만하다.

그러나 역사·지리적 관점에서 꼭 찾아야 할 곳은 리카톤부시Riccarton Bush가 아닐까 한다. 수백 년 동안 불에 타지 않고 살아남은 원시림 보전 지구이다. 수령 600년에 달하는 뉴질랜드 상록수Kahiktea 수종이 특징이다. 마오리 족은 이곳을 '메아리의 장소'라고 불렀다고 한다. 좁은 면적이지만 울창하고 어두워서 숲속에 있을 땐 약간 무섭기도 하다. 습지가 군데군데 있지만 목책길도 되어 있어서 걷는 데 어려움은 없다. 그곳을 빠져나오면 1844년 지어졌다는 캔터베리 초기 개척자의 오두막과 나중에 지은 멋진 집을 들여다볼 수 있다. 개척자 가족의 꿈과 사랑과 약속, 인내와 비극의 극적인 이야기들을 들려 주는 곳이다. 바로 옆을 폭 2m, 깊이 20cm남짓의 작은 시냇물이 흐르는데 이것이 에이번 강의 상류부이다. 이 작은 냇물은 시내를 구불구불 통과하면서 아름답고 고급스러운 전원 주택지도 만들고, 헤글리 공원을 통과하면서 뱃놀이도 가능케 하며, 하류로 가면서 강폭이 넓어지는 곳에서는 조정 경기 연습도 한다고 한다. 강물이 맑아서 바닥이 모두 들여다보이는데 깊이가 50cm 남짓이다. 배가 다닐 수 있을까 싶지만 자연스런 물의 흐름에 인간의 힘을 약간만 더하면 충분히 운치 있는 시간을 즐길 수 있다.

740여 개 이상의 공원과 광범위하게 펼쳐지는 하천 수계와 습지들은 좋

1. 크라이스트처치의 위치

2. 시내를 구불구불 통과하여 아름다운 도시 환경을 제공하는 에이번 강의 모습

은 도시 환경을 창조하는 데 크게 공헌하고 있다. 수많은 작은 공원과 운동장, 역사적 정원에서부터 대규모의 야생 지역, 해안 공원, 습지 등에 이르기까지 다양한 공원과 수로들의 존재는 이 도시의 행운이다.

이현욱 전남대 지리학과 교수

뉴칼레도니아, 천국에 가장 가까운 섬의 주력 산업은 니켈

한류의 영향으로 우리나라를 방문하는 외국 관광객이 증가하듯이 영화, TV, 인터넷 등 영상 매체가 지역 홍보와 관광에 미치는 영향력은 놀라울 정도이다. 우리나라 사람들에게 비교적 생소했던 뉴칼레도니아는 2009년 방영된 인기드라마 「꽃보다 남자」의 촬영지가 되면서 인지도가 급상승하였다. 때마침 2008년 인천-뉴칼레도니아 간 직항 노선이 개설됨에 힘입어 방문객도 차츰 증가하는 추세이다. 일본 사람들은 이미 30년 전부터 뉴칼레도니아로 신혼여행을 떠나기 시작했으며 지금도 매년 3만 명이 넘는 일본인들이 찾을 만큼 뉴칼레도니아에 대한 일본인들의 애정은 각별하다. 모든 관광 안내 책자는 물론 레스토랑 메뉴판에도 일본어가 적혀 있고 심지어 이 섬에 개와 고양이가 반입된 것도 일본인에 의해서라고 한다. 일본에서 뉴칼레도니아에 대한 관심을 촉발시킨 것은 1965년 일본 여류작가 모리무라 가쓰라가 뉴칼레도니아의 우베아 섬을 배경으로 쓴 「천국에 가장 가까운 섬」이라는 소설이었다고 한다. 이 소설은 2백만 부 이상 팔린 베스트셀러가 되었으며 영화로도 제작되어 뉴칼레도니아의 아름다운 풍광을 알리는 데 결정적인 역할을 하였고 일본인의 발길을 뉴칼레도니아로 향하게 하였다.

메트로 섬의 오버 워터 방갈로

실제로 뉴칼레도니아는 '천국에 가장 가까운 섬' 이라는 수식어에 걸맞는 아름다운 자연 환경을 지니고 있다. 전체 면적이 18,575km^{2}로 파푸아 뉴기니, 뉴질랜드에 이어 남태평양에서 세 번째로 큰 이 섬은 섬 전체가 1,600km에 달하는 산호초로 둘러싸여 있고 900여 종 이상의 산호와 15,000여 종의 해양 생물군을 보유하고 있는 해양 생태계의 보고로 2008년 섬의 60%가 유네스코 세계 자연 유산에 등재되었다. 홍보 사진에서 자주 접하는 거대한 라군에 둘러싸여 옥색에서 감청색까지 다양한 빛을 반사하는 투명한 바다색과 흰 모래사장은 몰디브같은 여타 열대 섬하고 유사하지만 관광객들이 많이 찾는 서쪽 해안은 기후가 연중 건조하고 온화하여 생활하기에

메트로 섬의 해변

쾌적하다는 점이 타 동남아 휴양지하고의 차이점이다. 필자가 남반구의 겨울에 해당하는 8월 중순에 방문했을 때도 춥지도 덥지도 않으면서 우리나라 가을같이 청명하고 습도가 낮아 수영을 하기는 좀 추웠지만 걸어서 다니기에는 더할 나위 없이 좋은 날씨였다.

또한 바다뿐만 아니라 본섬에서 볼 수 있는 다양한 경관은 자연과 모험을 사랑하는 사람들을 유인한다. 1억 4천만 년 전 쥐라기 시대와 똑같은 생태환경을 자랑하는 블루리버 공원 을 비롯해 웅장한 산과 우거진 삼림, 거대한 호수와 폭포, 중앙 평원의 목초 지대 등에서 생태 관광을 즐길 수 있다.

수도 누메아의 전경

오염되지 않은 자연 조건과 더불어 뉴칼레도니아의 관광지로서의 매력은 이국적인 남태평양 멜라네시아 문화와 세련된 프랑스 문화가 잘 조화되어 독특한 분위기를 풍긴다는 점이다. '남태평양의 니스'라는 수도 누메아는 인구 7만의 전형적인 지중해풍의 항구 도시로 해안 도로를 따라 하얀색 별장, 유럽풍 레스토랑과 요트가 늘어서 있는 모습이 리비에라Rivieras 해안을 연상시키기에 충분하다.

또한 원주민인 멜라네시아 인은 그들의 유산에 자부심이 큰 민족으로 어디를 가도 건축, 예술, 공예 속에서 멜라네시아의 전통과 문화를 느낄 수

누메아 시의 별장과
요트 계류장

있다. 특히 세계적인 건축 거장 렌조 피아노가 설계한 치바우 문화센터Centre Cultural Tjibaou는 원주민 카낙 디자인을 현대적인 감각으로 재해석한 건축물로 멜라네시아 미술과 역사의 집합소이다.

그러나 '남태평양의 프렌치 파라다이스' 라는 이미지와는 달리 뉴칼레도니아의 경제 중 관광이 차지하는 비중은 의외로 크지 않다. 뉴칼레도니아의 제 1 산업은 니켈 산업으로 뉴칼레도니아는 세계 3위의 니켈 생산국이며 매장량은 세계 1위로 세계 니켈광의 25%가 본섬 그랑 드 테르Grande Terre에 매장되어 있다. 23만의 인구 중 약 50%가 니켈 산업에 종사하며 프랑스인 외 베트남, 인도네시아인등 많은 외국인이 정착한 것도 이 니켈 산업의 영향이다. 우리나라 포스코도 2008년에 니켈 광산 개발 사용권과 니켈 광석에 대한 한국 수출권을 승인받았다.

1 치바우 문화센터 2 누메아 도심의 허름한 관광 정보 센터

니켈 산업만으로도 충분히 먹고 살 만해서 그런지 뉴칼레도니아 인들은 아직까지 관광에 연연해하지는 않는다는 인상을 준다. 일단 패키지 관광도 없고, 모든 관광객들은 호텔과 항공편만 여행사를 통해 예약하고 나머지 일정은 자유롭게 보낼 수 있다. 물론 선택 관광이 있긴 하지만 강요하지는 않는다. 물가도 비싼 편이고 숙박 시설과 레스토랑 등을 비롯해 관광 인프라와 서비스도 동남아 리조트에 비해 질과 양에서 현격히 떨어지며 요즘 유행하는 풀빌라 같은 곳도 없다. 호텔보다는 오히려 장기 체류자들과 은퇴자들을 위한 별장이나 콘도 등이 발달한 편이다. 도심에 있는 관광 정보 센터는 그래피티가 그려진 허름한 건물로 대낮인데도 문이 잠겨 있었다. 주로 원주민들과 외국인 노동자 그리고 일부 관광객들만 눈에 띄는 도심의 전체적인 분위기는 부유한 프랑스인들이 거주하는 해변의 분위기와는 사뭇 달라 보였다.

뉴칼레도니아에 관광객들이 대량으로 유입되지 못하는 가장 큰 이유 중의 하나는 역시 미국, 유럽, 아시아 등 인구 밀집 지역에서 너무 멀리 떨어져 있다는 점일 것이다. 우리나라에서도 직항으로 9시간 30분이 소요되며 프랑스인들을 비롯해 유럽인들이 뉴칼레도니아에 가기 위해서는 우리나라나 일본에서 환승하여 총 20시간 이상을 비행해야 한다. 꼬박 하루가 걸리는 셈이다. 뉴질랜드와 호주가 비행 시간 2시간 정도로 비교적 가까워 이들 나라에서 관광객들이 좀 온다고 하나 한계가 있어 보인다. 그러나 역설적으로 바로 이 고즈넉함이 뉴칼레도니아의 가장 큰 매력일 것이다. '천국에 가장 가까운 섬'은 역시 세상과는 거리를 두어야 제 격이다.

김부성 고려대 지리교육과 교수

Part 3

아프리카, 서남아시아의 틈새를 보다

트로이의 목마

이란, 이맘 호메이니 광장

튀니지
터키
이란
알제리
사우디 아라비아

튀니지, 로마 시대의 유적

크레테스 거리

Travel 9

아프리카, 복잡한 문화가 어지럽게 얽혀 있는 곳

광장 주변의 프랑스식 건물

오랑,
아랍과 아시아와 유럽의 문화를 한꺼번에 품다

오랑Oran 시는 아프리카 땅을 처음 밟는 내게 생소한 도시임에도 불구하고 낯설지 않는 느낌을 주는 도시였다. 132년 동안의 기나긴 프랑스 식민 지배의 흔적이 도시 곳곳에 남아 있는 까닭이다. 주요 관공서나 시청 광장(일명 11월 1일 광장Place du 1er Novembre)과 주변 건물들, 그리고 거리 곳곳의 프랑스어 간판들이 프랑스 도시를 연상케 한다. 그러나 오랑이 여느 프랑스 식민 도시에선 느낄 수 없는 이국적인 매력을 발산하는 것은 뭐니뭐니해도 '아프리카'

1 | 2

1. 11월 1일 광장에 있는 오랑 시청과 두 마리 사자 동상
2. 산타크루즈 요새 밑에 있는 성당

라는 대륙이 주는 특별한 느낌과 복잡하게 얽힌 정복의 역사로 인한 문화 경관의 혼재와 중첩 때문이리라.

북아프리카 지중해에 위치하여 알제리 제2의 도시이자 두 번째로 큰 항구임을 자랑하는 오랑은 먼 옛날부터 지중해 국제 무역의 중심지였던 까닭에 열강들이 세력다툼을 벌이는 격전장이었다. 고대에는 페니키아 인과 로마인이 이 지역을 지배하였고, 중세로 접어든 10세기 초에는 아프리카 내륙 지방으로의 진출을 꾀하는 스페인의 안달루시아 상인이 이곳에 도시를 건설한 것이 오랑 시의 기원이 되었다. 그 후 15세기까지 트렘센Tlemcen 왕국의 번영으로 영광의 시대를 구가하였으나 15세기 말경 스페인 본토의 종교 탄압을 피해 몰려온 이슬람 교인의 대량 이주 시기 때부터 급격히 쇠퇴하기 시작, 해적의 본거지로 전락하기에 이른다. 이후 이곳에 정착한 해적들에 의해 중계 무역이 타격을 받게 된 강대국들은 오랑을 상대로 해적 토벌전쟁을 벌였고, 오랜 전쟁의 결과 오랑 지역의 지배권은 여러 차례 바뀌게 된다. 16~17세기에는 스페인이, 18세기에는 오스만투르크가 이곳의 패권을 잡는 듯하다가 1830년 최종적으로 프랑스가 이 지역의 지배권을 획득하였다. 프랑스 점령 후 평화의 시대가 도래하면서 이곳에 이주해 온 많은 유럽인들은 100여 년 동안 식민지의 지배층을 형성하며 유럽 문화를 이식하였다. 이러한 역사적 배경 때문에 오랑 시는 알제리 독립 전쟁 당시 유럽인의 비중이 가장 높은 도시였으며 이로 인해 가장 격렬한 독립 전쟁을 치러야 했던 곳이기도 하다.

오랑 시를 근대적인 도시로 전환시키는 데 주도적인 역할을 한 것은 프랑스로, 프랑스는 식민지 경영을 위하여 근대적 신 시가지 및 교외 지역 건설, 오랑 시 인근의 메르스 엘 케비르Mers el-Kebir항구의 개발 등 대규모 개발 사업을 진행하였다. 이때부터 오랑 시 내에는 아랍, 베르베르, 오스만투르크, 스페인이 건설한 구 시가지와 1830년대 이후에 건설된 근대적인 프랑스풍의 시가지로 양분되어 다양한 문화 양식이 공존하는 도시가 되었다.

프랑스의 영향은 오랑 시청을 포함한 '11월 1일 광장'의 화려하고 웅장한 석조 건물과 주변의 뻥 뚫린 대로 등에서 가장 잘 드러나고 있다.

오랑Oran이라는 도시 이름은 Wahran이라는 베르베르 어에서 유래된 것으로 '두 마리 사자'를 의미하는데, 오늘날 오랑 시청 앞에 놓여 있는 두 마리의 거대한 사자 동상이 그 이름의 상징성을 대변하고 있다.

그러나 광장을 거닐어 보면 흥미로운 광경을 발견하게 된다. 광장 중앙에 세워진 탑에는 알제리 영웅들의 얼굴이 부각되어 있어 프랑스와 알제리

1
2

1, 2. 산타크루즈 요새

1 2 1. 오랑 주청사 건물, 프랑스 식민 시절에도 사용된 것 2. 항구 앞 유럽식 시가지 모습

의 영광을 상징하는 경관이 같은 공간에서 공존하는 모습을 보여 주고 있다. 프랑스의 영향은 관공서를 중심으로 많이 남아 있는데 오랑 주 청사Wilaya로 사용되는 건물이 바로 프랑스 식민지 시대의 유산이다.

또 하나의 중요한 오랑 시의 문화 유산으로는 메르스 엘 케비르 항구 위쪽 언덕에 있는 산타크루즈 요새를 들 수 있는데 이는 스페인 점령 시대의 유산이다. 산타크루즈 요새는 항구를 중심으로 정착했던 시가지 방어를 위하여 건축된 것으로 이 요새 바로 밑에는 가톨릭 성당을 건설하고 바다를 향해 성녀상을 배치함으로써 전쟁과 해적의 침탈로부터 오랑을 지켜 주는 수호 여신이 되어 주기를 기원하는 시민들의 염원을 표현하고 있다. 알제리가 이슬람 국가가 된 오늘도 유럽적 유산인 가톨릭 성녀는 그러한 시민의 염원을 안고 오랑을 굽어보고 있다.

1 | 2 1, 2. 도시 곳곳에 올라가고 있는 빌딩들

오랑의 도시 구조를 살펴보면 여느 식민도시와 마찬가지로 항구를 중심으로 하여 유럽식 시가지가 전개되고 전통적 베르베르인들의 시가지는 정복자들의 도시에 의해 밀려나 북서쪽의 산중턱에 자리잡은 형태이다. 이처럼 서로 다른 문화가 공존하면서도 분리된 경관을 보이는 것이 흥미롭다.

그러나 이러한 이질적 경관의 괴리는 오늘날 21세기 오랑의 도시 문제로 부상하고 있다. 최근 국제 에너지 가격 상승으로 고도 성장을 이루고 있는 알제리는 자원 수출로 벌어들인 외화를 바탕으로 국가의 SOC 정비에 박차를 가하고 있다. 특히 오랑은 알제리의 주요 원유 수출항으로써 새로운 발전의 발판을 마련하고자 도심 곳곳에 부지런히 높은 현대적 빌딩들을 건설하고 중산층을 위한 주택 단지와 휴양지를 개발하는 중이다. 이들 현대식 건물들은 전통적 오랑의 스카이라인을 파괴하면서 우후죽순 건설됨에 따라 퇴락하는 구 시가지와 도심에 새롭게 건설되기 시작한 높은 현대식 빌딩, 그리고 부유층을 겨냥하여 교외에 건설된 주택 단지간의 부조화가 나날이 심각해지고 있다.

이에 따라 오랑 시는 하나의 도시 공간 안에 오스만투르크, 스페인, 프랑스, 아랍의 다양한 문화 경관간의 조화를 추구할 것과, 그러면서도 역사적 건물과 현대적 고층 빌딩들을 조화롭게 담아내야 하는 두 가지 과제를 안게 되었다.

이현주 한국토지주택공사 LH 연구원 연구위원

튀니지, 지중해 영향권과 사하라 사막권의 경계

전통적으로 지리학자들의 주된 관심은 자연을 이용하는 인간이다. 튀니지 지역은 자연 환경의 변화와 인구, 경제, 사회 조직 등과 같은 사회 경제적 환경의 변화에 대한 반응으로 일어나는 인간 활동의 지속적 변모를 발견할 수 있는 곳이다.

튀니지는 유럽 문화의 영향과 북아프리카 문화 요소들, 그리고 현대의 이러한 문화 요소들의 재배치뿐 아니라 과거 로마 시대의 문화 요소가 복합적으로 연계되어 독특한 경관을 보여 주고 있다. 언어도 불어, 표준 아랍어와 각 지역들의 지방 언어로 특징지어진다. 또한 튀니지에는 이슬람과 아랍 인이 들어오기 전부터 거주해 온 원주민인 베르베르 족이 있다. 이 지역은 지중해를 둘러싸고 전개되었던 고대 역사와 이슬람 문명의 역사, 그리고 1881년 이래 본격적으로 진행되어 온 프랑스의 식민지 생활, 20세기 후반의 독립 과정 등 전통과 현대라는 틀 속에서 이슬람 문화의 변화를 볼 수 있는 곳이다.

기후적 특색상 더운 사막의 열기를 막는 데 토굴은 안성맞춤이다. 이곳에는 암반과 흙을 파내고 굴의 형태로 마련해 살았던 수백 년의 거주지 터가 있다. 이런 토굴 형태의 전통적 베르베르 족의 가옥은 방들과 다락, 곡식 창고들이 가운데에 있는 마당(중정)으로 통하게 된 구조로서 이 지역 기후에 적응한 가옥 구조이다. 한편 이런 토굴 대신에 프랑스에서 본딴 건축 양식들이 여기저기에 분포하고 있다. 여러 층들의 벽돌집들이 빽빽이 들어차 있는 새로운 타운들이 건설되어 있기도 하다.

튀니지는 B.C 9세기 경에 카르타고 제국이 있었던 바로 그곳이다. 튀니지가 B.C 264~146년 경에 로마 제국과 3차례에 걸친 포에니 전쟁을 벌이고, 코끼리를 타고 알프스 산맥을 넘어 로마를 공격했던 한니발의 출신지 카르타고 제국이 있던 그 나라라는 것을 아는 사람은 많지 않을 것이다. 튀니지는 결국 3차례에 걸친 로마와의 포에니 전쟁에서 패하여 로마 제국에 예속되었던 지역으로 로마의 문화가 많이 남아 있는 지역이기도 하다. 당시 로마인은 카르타고 시민을 아프리라고 불렀고, 카르타고 식민화 후에 이 지역을 아프리카로 명명하였다. 이것이 오늘날 이 대륙을 아프리카로 부르게 된 기원이 되었다고 한다.

튀니지는 1881년 프랑스 보호령으로 편입되어 프랑스의 지배를 받다가 1956년 3월에 독립한다. 프랑스 정부는 이동이 잦아 통제가 어려운 유목민들을 농업 개발이라는 명목 하에 일정한 지역에 정착시키려고 했다. 그러나 조상 대대로 유목 생활을 해 온 이곳 사람들이 하루 아침에 생활 방식을 버릴 수는 없는 노릇이었다. 이런 까닭에 이들은 아직도 농업과 함께 가축을 키우는 생활 습관을 유지한다. 한 가옥에서 사람이 살아가는 공간과 가축이 사는 공간이 함께 어우러져 있는 예도 흔하다. 이런 생활 양식은 또 다른 환경 문제를 낳았다. 즉 계절적으로 이동 생활을 하던 유목민은 양과 염소들이 풀을 뜯어먹고 난 후에 다른 지역으로 이동하여 다른 곳에서 풀을 뜯어먹게 한다. 그 기간 동안 가축들이 풀을 뜯어먹었던 지역은 새로운 풀이 자라는 지역으로 변한다. 이

1. 토굴 형태의 베르베르 가옥

2. 로마 시대의 유적

런 소비- 보충 형태의 반복적 이목 형태는 어느 정도 사막화를 방지할 수 있었을 것이다. 그러나 정착 생활이라는 명목 아래 1년 내내 한 지역에서 목축 생활이 이루어지다 보니 풀이 자라 보충하는 기간이 사라지고 있다. 점점 사막화가 진행되어 더 이상 거주 지역으로 남아 있지 못하고 폐허가 되는 경우도 많다. 이러한 열악한 환경과 제한된 자원은 그들의 생계를 보장하지 못하고 이농 현상을 초래하게 되었다.

튀니지는 지중해성 기후와 사하라 사막의 영향이 미치는 사막 기후의 특성을 모두 지니고 있다. 비교적 건조하고 일조량이 많은 이곳에서 지중해 연안에 고루 자라는 올리브 나무가 주요 작물로 재배되고 있다. 이곳 사람들은 불규칙한 강우량에 의존하여 농작물과 함께 양과 염소를 기르면서 반 농경, 반

사막화가 진행되고 있는 튀니지 지역

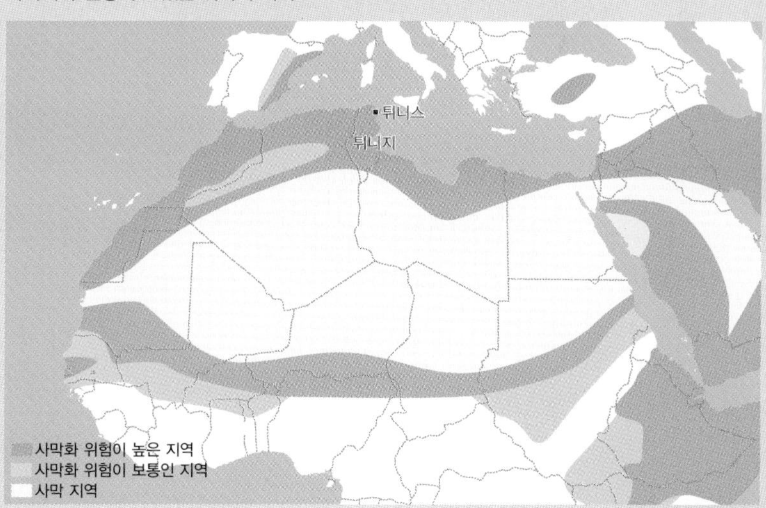

비 올 때만 물이 흐르는 계곡

유목의 방식으로 살아간다. 강우량이 적다 보니 하천이 발달하기 힘들고 계곡이 있어도 일년에 두 차례 정도 비가 집중적으로 오는 기간에만 물이 흐르면서 물길을 만들어 놓는 와디Wadi(간헐 하천) 형태이다. 때로는 그 물들이 일시적으로 괴어 있거나, 북부 아프리카의 지하수대와 연결되는 지하수 통로와 연결된 물길이 지표를 만나 간간이 솟아오른다. 이 지역에서는 빗물을 받아 저장하는 시설과 샘의 형태로 솟아오르는 지하수 또는 깊숙이 분포하는 지하수를 길어 올리는 우물이 이 지역의 생활을 가능케 하는 결정적 요소들이다.

강우량 자체가 절대적으로 부족한 데다가 그마저 해에 따라 불규칙하기 이를 데 없어 안정적인 농업 경영이 어렵다. 비교적 건조한 지역에서는 양과 염소를 이끌고 장거리를 이동하며 스텝Steppe(온대 초원) 지역에 간간이 분포하는 풀을 먹이며 생활하는 유목민 지역이 분포한다. 반면에 오아시스 도시는 사하라의 비교적 안정적인 지하수 통로와 연결된 오아시스 지대에 발달한 취락으로서 조직화된 전통적 방식의 관개 수로에 기초한 야자나무 농장들이 집중적으로 분포한다. 따라서 오아시스가 있는 지역은 오아시스 농업의 정착민 지역이다. 이곳의 오아시스 농장 지역은 3층의 식물층이 특색적으로 나타난다. 제일 키가 작은 층을 이루는 것은 곡물이나 채소 재배층으로서 보리나 수박 등이 재배되고, 중간층은 올리브, 무화과, 살구, 오렌지, 바나나 등 과실나무가 재배되며 제일 높은 층에는 야자수가 있다. 이런 오아시스 농업은 오아시스의 관개에 의해 이루어지고 있다.

전통적 관개시설은 샘이 분포하는 지역에서 한줄기로 흐르다가 공간적으로 넓게 분포하는 취락에 물을 제공하기 위해 2개의 분류로 물을 가르고 그 중 한 지류를 또 다시 2개의 분류로 가르면서 모든 취락에 물을 제공할 수 있는 물 공급체계를 가지고 있다.

이곳에서는 야자수를 집의 지붕이나 울타리 및 그릇 등을 만드는 재료로 이용하고 있다. 야자수는 15~20m까지 자라는 초본 식물로서 고대 카르타고 시대부터 화폐에 표현되었던 비옥함을 상징하는 식물이다. 야자수는 나이테가 발달하는 교목의 나무가 아니라 여러 짚의 구조로 연결된 줄기를 가진 일종의 초본 식물이다.

특히 대추야자의 열매 결실기에는 이 지역이 가진 지중해성 기후의 특색으로 가을에 접어들면서 바람을 동반한 비가 집중적으로 내리기 때문에, 15m 가까운 높이에 열리는 대추야자의 열매들을 사람이 나무에 올라가 비닐로 일일이 싸서 보호하고 있었다.

1. 3층 구조의 오아시스 농업 구조 (저층 : 곡물이나 채소층, 중간층 : 과실수층, 상층 : 야자수층)

2. 오아시스의 물을 분류를 통해 넓은 지역으로 관개수를 공급

3. 폭풍우로부터 보호하기 위해 비닐로 싸 둔 야자 열매

1 2

1. 야자수의 구조
2. 이동 사구의 모래 이동을 막기 위한 안정화 울타리와 울타리 양쪽 사면에 퇴적된 모래열

척박한 자연 환경에 적응하기 위해 지하수를 개발하여 사용하다 보니 현재는 지하수 개발을 위해 2000m 이하에 분포하는 지하수대에서 물을 끌어올려 이용하고 있다. 또한 반건조지역인 이곳은 바람에 의한 모래이동을 막아 토지를 활용하려는 목적으로 안정화 울타리Stablized Fence를 건설하여 모래 이동으로 인한 피해로부터 안정된 정착 생활 환경을 도모하기 위해 애를 쓰고 있으나 자연 현상을 이기기가 쉽지 않다. 풍향이 계절적으로 바뀌면서 울타리 양쪽에 거대한 사구열이 발달하여 바르한과 같은 이동 사구의 안정화 문제는 해결되지 못한 채 건설비만 낭비하는 것으로 알려져 있다.

오늘날 튀니지의 산업은 전통적 유목 생활과 오아시스 농업에서 관광 산업으로 변모하고 있다. 오아시스 취락은 오아시스 농업뿐 아니라 카라반 무역의 중간 지점이었던 곳이다. 이런 지역들이 오늘날 관광 산업지로 변하고 있다. 암석 사막의 독특한 경관을 이용한 관광지yardang(버섯 바위), 모래 사막의 사구가 발달한 곳에서 촬영한 '스타워즈' 촬영지 등이 관광지로 개발되어 관광객의 발길을 모으고 있었다. 또한 베르베르 족의 민속 전통 옷을 입고서 낙타를 타고 모래사막을 통과하는 체험 관광 등을 통해 튀니지는 유목, 정착 농업에서 관광과 같은 서비스 산업으로 변모하고 있다.

이러한 사회의 변모는 관광객 유치로 인한 지하수의 과도 개발로 물 부족 문제를 야기하고 있다. 또한 인광석 개발로 인한 폐광 처리 문제, 모래 이동 문제와 함께 정착 농업으로 인한 사막화 문제 등을 해결해야 할 환경과제로 남기면서 튀니지는 새로운 도약을 꿈꾸고 있었다.

성효현 이화여대 사회생활학과 교수

Travel 10

서남아시아,

동양과 서양의 격전의 흔적이 생생하다

이스탄불
이즈미르
파묵칼레
카파도키아
시라즈
리야드

블루 모스크

이스탄불, 중세와 근세를 지배했던 동서 문명의 교차로

버릴수록 채워지는 여행을 통해 지역도 사람처럼 제각각의 생김새와 풍미가 있음을 알았다. 여행 경험이 있는 사람이라면 누구나 유달리 정이 가고, 더 머물고 싶고, 오래도록 잊혀지지 않아 마음에 품게 되는 지역 하나쯤은 있을 것이다. 나에게 터키가 그런 곳이다. 아시아 대륙 서쪽 끝에 자리해 우리보다 7시간이 늦는 터키는 유럽이 시작되는 곳이기도 하다. 국토의 3면이 마르마라 해, 흑해, 에게 해, 지중해 등으로 둘러싸여 있고, 기원전 8,000년으로 거슬러 올라가는 긴 역사 속에 동서 무역의 중심지로 번성해 온 터키는 수많은 문명과 문화를 꽃피웠다. 가는 곳마다 넘쳐나는 찬란한 유산 위에 소박한 오늘의 삶과 문화, 이야기를 녹여내고 있는 나라, 터키 여행은 이스탄불에서 시작되고 끝이 난다.

기원전 7세기경 그리스의 비자스 장군은 식민지 개척을 위해 에게 해 북동쪽으로 순항해 다르다넬스Dardanells를 지나 보스포루스Bosporus 해협에 이르렀다. 마르마라 해와 흑해가 만나는 이곳에 도시를 세운 그는 자신의 이름을 따 비잔티움이라 불렀다. 오늘의 이스탄불은 이렇게 시작되었다. 그로부터 천년이 지난 330년 로마 제국의 콘스탄티누스 대제는 이 곳으로 수도를 옮기고 이름을 콘스탄티노플로 바꾸면서 또 하나의 로마, 새로운 로마를 탄생시켰다. 그로부터 또 다시 천년의 세월이 흘러 1453년 오스만투르크의 마호메트 2세에 의해 이 도시가 점령당하고 새로운 왕조가 들어서면서 서방의 기독교 문화에 동방의 이슬람 전통이 더해지게 된 것이다. 2005년 1월, 인천에서 비행기로 꼬박 12시간이 걸려 도착한 터키 최대의 도시 이스탄불은 인구 1,200만 명(2009)의 거대 도시라기보다는 전통과 고전 속에 살아 움직이는 거대한 야외 박물관이었다. 이것은 아마도 비잔틴 제국 1000년, 오스만 왕국 700년 동안 수도였던 이 도시가 유럽과 아시아를 잇는 가교로서 동서 문명이 교차하고 과거와 현재가 공존하는 진정한 다양성을 간직하고 있기 때문일 것이다.

세계에서 두 대륙에 걸쳐 세워진 유일한 도시, 이스탄불은 보스포루스 해협과 금각만을 사이에 두고 유럽과 아시아, 구 시가지와 신 시가지로 구분된다. 유네스코 세계 문화 유산으로 지정된 구 시가지는 언제나 세계 각국에

1	2

1. 아야 소피아 박물관　2. 톱카프 궁전 입구

서 모여든 여행객들로 붐빈다. 로마 시대 때 전차 경주가 펼쳐졌던 2개의 석조 오벨리스크와 청동 기둥이 세워진 히포드롬Hippodrome 광장을 중심으로 주변에 즐비하게 들어서 있는 역사적 건축물들은 그 하나하나가 랜드마크였다.

그리스 정교의 총본산에서 이슬람 자미를 거쳐 지금의 박물관까지 시대마다 그 모습을 바꾼 역사의 상징이자 세계에서 가장 오래 된 교회당 아야 소피아Aya sofya 대성당을 나서면 블루 모스크로 더 친숙한 술탄 아흐메트 자미Sultan Ahmet Camii를 만나게 된다. 근세의 장을 연 오스만 왕조의 자존심으로 커다란 돔과 6개의 미나레, 파란색 장식 타일이 인상적이다.

그리고 오스만 왕조 400여 년간 술탄들이 살았던 톱카프 궁전Topkapi Palace, 코린트 양식의 열주 기둥이 지상에 못지 않게 화려한 지하 궁전, 시내

1. 톱카프 궁

2. 히포드롬 광장

중심 도로를 가로지르는 복층 아치가 아름다운 발렌스 수도교, 15세기에 세워져 4,000개가 넘는 상점들이 빼곡히 들어차 있는 그랜드바자르까지 이스탄불은 역사가 만든 걸작들의 전시장이었다. 여기에 낡고 오래된 건물들과 그 사이로 미로처럼 나 있는 좁은 골목길, 소박한 가게들과 앙증맞은 간판들, 자갈이 촘촘하게 깔린 도로와 그 위를 미끄러지듯 지나는 트램바이(노면전차), 아침을 여는 항구의 부산함과 뱃고동 소리까지 섞여 있는 사람 사는 풍경은 이 도시의 다양함을 더해 준다.

그리고 구 시가지에서 금각만을 건너 신 시가지로 들어서면 오스만 왕조의 마지막 궁전이자 수도를 앙카라로 이전하기까지 공화국 관저로 사용하던 새하얀 대리석이 눈부신 도르마바흐체 궁전Dolmabahce Palace이 서 있고, 그

갖가지 유적이 즐비한 이스탄불 시내

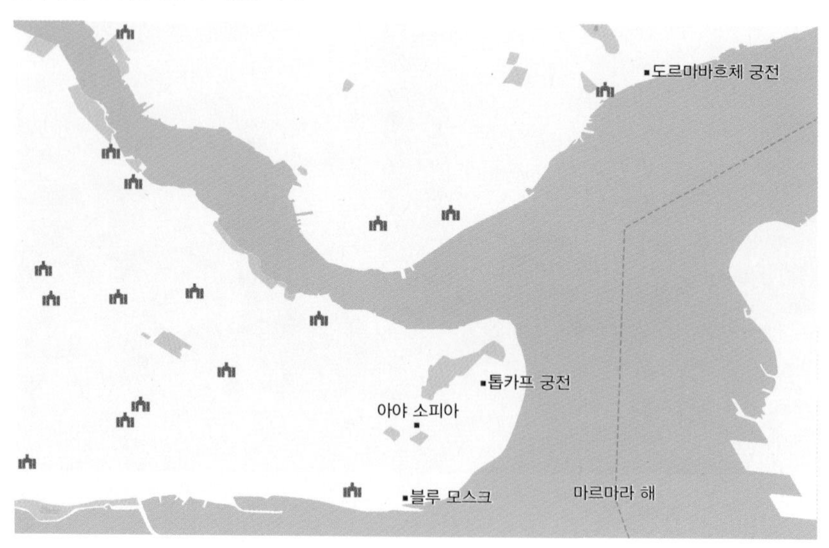

뒤로 중심 업무 지역과 상업 지역, 세련된 쇼핑 거리 등이 뻗어 있어서 오늘의 터키를 가늠할 수 있다. 빠듯했던 일정이 끝나고, 석양이 드리운 보스포루스 크루즈선에 올랐다. 길이 30km, 폭 800m 내외의 좁은 바다를 사이에 두고 유럽 쪽의 옛 건축물들과 아시아 쪽의 별장촌에서 쏟아내는 두 대륙의 불빛이 어둠속 뱃길을 따라 하나의 물빛으로 일렁일 때쯤이면 터무니없이 짧게 느껴지는 여정에 안타까운 탄식과 아쉬움이 차오른다.

김선희 성신여대 지리학과 강사

트로이의 목마

이즈미르, 역사의 선물 에페스와 전설이 복원시킨 트로이

동서 문명의 접점에 있는 터키는 고대 유적의 보고다. 특히 많은 문명이 생성하고 소멸한 아나톨리아에서 에게 해와 지중해를 끼고 있는 서남부 지역은 그리스와 로마 시대의 도시 유적이 지천으로 깔려 있다. 여행하는 내내 감탄과 시기가 교차하는 이유였다. 터키에서 세 번째로 큰 서부 중심 도시 이즈미르Izmir에서 남쪽으로 1시간 거리에 로마 시대에 만들어진 가장 완벽에 가까운 도시 유적 에페스Ephesos가 자리하고 있다. 고대 로마인들은 세계 곳곳에 그들의 삶과 문화, 예술이 녹아 있는 크고 작은 도시들을 건설했고, 역사의 격랑 속에 많은 도시들이 깎이고 파괴되었지만 에페스가 지금까지도 건재할 수 있었던 것은 석조 문화에 기초한 탓이리라. 목조 문화에 기반을 두어 세기를 잇는 보존에 취약했던 우리네와는 사뭇 다른 하얀 대리석 도시 경관의 웅장함과 화려함은 일단 감동이었고, 이 도시를 지탱했던 힘은 도시의 남동쪽을 둘러싸고 있는 너른 들판과 북서쪽으로 면해 있는 에게 해에 있었으리라.

들과 바다의 풍요로움에 기대 수많은 예술을 탄생시켰던 에페스는 고대 도시 가운데 손꼽히는 규모로 도시 형태가 뚜렷할 뿐 아니라 저수조와 하수 시설을 갖추고, 주거지와 상업 지역, 유곽 등이 잘 구획된 계획 도시로 체계적인 도시 구조가 인상적이었다. 여기에 보존 상태가 양호하고 예술성이 뛰어난 건축물들과 아름다운 부조들이 너무 많아 여유있게 유적 하나하나를 살펴보려면 하루 정도는 예상하는 것이 좋을 듯 싶었다. 7세기에 세워진 이 도시는 남북으로 이어지는 중앙 대로를 따라 당시의 도시 시설물들이 거의 모두 남아 있었다. 남쪽의 도미티아누스Domitianus 신전과 아고라를 지나 헤라클레스 조각이 새겨진 좌우 대칭의 문부터 크레테스 거리Curetes street가 시작된다.

바닥이 모자이크로 장식된 이 길의 왼쪽 언덕에는 귀족과 상류층의 주거지가 분포하고, 오른쪽으로는 트라야누스 황제에게 바쳐진 우물과 1세기에 만들어진 공중 목욕탕 스콜라스티카Scholastica, 수많은 조각과 장식이 남아 있는 하드리아누스Hadrianus 신전, 칸막이 없는 수세식 공중화장실 등이 차례로 이어진다. 이 길 끝에는 코린트식과 이오니아식 기둥 머리 장식이 아름다

크레테스 거리

운 2층의 대리석 원기둥이 웅장하게 떠 바치고 있는 켈수스 도서관Celsus Library이 있고 그 맞은편에는 유곽이 들어서 있는데 도서관과는 지하 통로로 연결된다.

여기서부터 대리석으로 된 마블 거리가 이어지는데 길바닥에는 매춘 숙소의 광고인 발이 새겨져 있고 길 왼쪽으로 길게 아고라가 분포하고 있다. 오른쪽 끝 언덕에 자리해 지금도 각종 공연이 펼쳐지는 2만 4000명을 수용할 수 있는 반원형의 대극장에서 오늘날과 크게 다르지 않았던 고대인들의 삶을 본다.

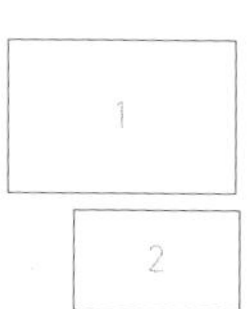

1. 켈수스 도서관

2. 대극장

북쪽 아르카디안 거리의 경기장과 목욕탕, 성모 마리아 교회 등을 지나면 에페스의 배후도시 셀주크Seljuk와 연결된다. 셀주크는 작은 도시로 걸어서도 충분히 여행할 수 있는데 언덕 위의 성채와 성 요한 교회, 이사베이 자미 등을 가벼운 마음으로 돌아보고, 올리브 나무가 흐드러진 해안 도로를 달려 트로이에 닿았다. 유적지 초입에 커다란 목마가 이정표처럼 서서 이 곳이 전설이 복원시킨 역사의 현장임을 말해 주고 있었다.

기원전 3000년경부터 350년경에 걸쳐 에게 해 연안의 교역중심지였던 트로이는 시기별로 9기의 도시가 번영과 쇠락을 거듭하면서 층층이 유적을 남겼지만 땅 속 깊숙이 쌓인 유적은 잊혀져 있었다. 그런데 호메로스의 서사시에 등장하는 '트로이의 목마' 전설을 사실로 믿었던 사람이 있었다. 독일인 실업가 슐리만은 41세 때 자비를 들여 유적 발굴에 나섰고, 전설을 믿지 않았던 사람들에게 비웃음을 사면서도 발굴을 포기하지 않았다. 마침내 히사를리크 언덕과 플리아모스의 보물 등을 발견하면서 서서히 각 층별 도시 유적이 드러나기 시작해 첫 번째와 두 번째 도시의 성벽과 성문, 여섯 번째 도시의 성벽, 여덟 번째 도시의 초석, 아홉 번째 도시의 극장터 등이 발견되었고 발굴 조사는 지금도 진행 중이다. 황량한 언덕 이곳저곳에 켜켜이 잠들어 있던 역사의 흔적을 되살려 낸 어리석은 순수에 박수를 보낸다.

김선희 성신여대 지리학과 강사

파묵칼레,
온천수가 만든 고대 도시

터키의 서쪽 끝 바다 에게 해 연안에 위치한 고대도시 에페스Efes에서 버스를 타고 동쪽으로 약 3시간을 달리면 파묵칼레Pamukkale에 도착한다. 파묵칼레는 터키 서남부 내륙 깊숙이 있는 데니즐리Denizli주에 위치한다. 파묵칼레로 가는 버스 안에서 지붕 위에 빈 병을 올려놓은 집을 보았다. 콜라병처럼 날씬한 병을 올려놓은 집도 있고, 간장병처럼 통통한 병을 올려놓은 집도 있다. 안내자 설명에 의하면 이는 우리 집에 혼기 찬 딸이 있다는 표시로써 콜라병처럼 날씬한 병은 우리 딸이 날씬하다는 의미이고, 간장병처럼 통통한 병은 우리 딸이 통통하다는 의미란다. 남자는 그 집 딸을 눈여겨보고 마음에 있으면 돌을 던져 병을 깬 후 집안의 어른과 함께 그 집에 방문할 수 있다. 혼기에 찬 딸은 커피를 대접하는데 방문한 남자가 마음에 들면 커피를 달게, 마음에 들지 않으면 쓰게 하여 마음을 표시한다고 한다. 이스탄불과 같은 대도시에서는 사라진 옛 풍경이지만 데니즐리 같은 농업 중심의 지방에서는 아직까지 남아 있는 풍습이다.

파묵칼레는 온천으로 유명하다. 이곳은 온천수의 석회 침전물이 오랜 시간 동안 만들어낸 새하얀 석회암 단구가 파노라마처럼 펼쳐져 멋진 비경을 선사한다. 이곳에는 35℃ 정도의 온천이 17개가 있다. 온천이 밀집해 있는 이

1. 파묵칼레 노천 온천

2. 파묵칼레 석회암 테라스

곳 파묵칼레는 고대부터 매우 인기 있는 지역이다. 이곳은 아주 먼 과거에 바다가 융기된 지역으로 산호, 조개껍질, 석회질 플랑크톤 등이 퇴적되어 형성된 석회암 지역이다. 산으로부터 따뜻한 온천수가 석회암 지대를 흘러 내려오면서 석회암의 탄산칼슘을 녹였고, 이는 젤리 상태로 서서히 퇴적되었으며 시간이 흐름에 따라 단단하게 굳어져 풀pool을 형성하였다. 온천수는 그 풀 안에 담기게 되었다. 여러 풀이 계단식으로 연속됨으로써 지금과 같이 온천수가 담긴 거대한 석회암 테라스를 만들어냈다.

유네스코가 이곳을 세계 유산으로 지정하기 전인 20세기 후반에는 수십 년 동안 이곳의 호텔 등이 온천수를 과도하게 끌어 씀으로써 파묵칼레의 온천수가 많이 줄어들었기 때문에 현재는 이곳에서 온천을 하거나 수영을 하지 못하도록 하고, 인위적으로 온천수량을 조절한다고 한다. 우리가 간 날은 최근 보기 드물게 온천수가 많이 흘러내리는 날이어서 각각의 풀마다 물이 풍부하게 채워졌다. 신발과 양말을 벗고, 바지를 걷어 올린 채 들어가 보니 겨울이어서인지 약 35℃ 정도의 물이 미지근하게 느껴졌고 발목으로부터 물이 약 15~20cm정도 올라왔다. 여러 풀을 걸어 다니다 온천수 흐름의 통로인 도랑 주변에 앉아 약 20분 동안 발을 담그고 앉아 이야기를 했다. 추운 2월임에도 불구하고 춥다는 생각이 전혀 들지 않는다. 온천수에서 나와 발을 닦는데 하얀 석회석이 느껴진다. 이 온천수는 석회 성분을 다량 함유하고 있어 심장병, 고혈압, 각종 피부병, 눈병, 류머티즘 등에 매우 좋다고 한다.

파묵칼레와 함께 세계 유산으로 지정된 히에라폴리스는 파묵칼레의 언덕 위에 세워진 고대 도시로서 기원전 190년 페르가몬Πέργαμος 왕조에 의해 건설되었다. 도시 국가들이 대부분 편리한 교통과 무역을 위해 해안가나 강

하구에 건설된 반면 히에라폴리스는 파묵칼레의 온천수를 활용한 의료·휴양 도시로 아나톨리아 반도의 서남부 내륙 깊숙한 고원지대에 건설되었다. 파묵칼레의 온천수를 이용하여 각종 병을 치료하기 위하여 터키는 물론 그리스나 로마, 혹은 메소포타미아 지방에서도 많은 사람들이 이곳으로 몰려들어 며칠 혹은 몇 년을 이곳에 묵으며 치료했다고 한다. 테르메Thermae라고 하는 히에라폴리스의 온천욕장은 온천수에 몸을 푹 담글 수 있는 커다란 욕조와 스팀으로 사우나를 할 수 있는 방, 그리고 노예로 하여금 때를 밀게 했던 방, 완벽한 배수로와 환기 장치는 물론, 온천수와 찬물을 적절히 이용한 냉난방의 공조 시스템 등 2천 여 년 전에 이미 완벽한 시설을 갖추고 있었다. 클레오파트라와 안토니우스도 에페스에서 쇼핑을 하고 이곳 파묵칼레에 들러 온천욕을 즐겼다고 한다. 이처럼 히에라폴리스는 고대 도시로서 최적의 입지는 아니지만 파묵칼레의 아름다운 비경과 온천수 덕분에 온천 휴양지로서 한때 최고의 화려함과 영화를 누렸다가 지진에 의해 무너지고 말았다. 그리고 유네스코가 세계 유산으로 지정하기 전에 이곳에 호텔이 들어섬으로써 애써 발굴된 히에라폴리스의 유적의 일부분은 파괴되고 말았다.

히에라폴리스 성벽 밖에는 옆에는 1200기의 무덤이 남아 있는 거대한 공동묘지 도시인 네크로폴리스Necropolis가 있다. 언덕 위에 있는 파묵칼레를 가기 위해서는 네크로폴리스를 지나가야 한다. 많은 사람들이 치료를 마치고 돌아갔지만 중병을 앓던 사람들은 상당수가 이곳에서 사망하게 되었다. 히에라폴리스의 공동묘지가 이 사망자의 숫자를 감당하지 못하고 확장되면서 네크로폴리스가 만들어지게 된 것이다. 네크로폴리스에는 뚜껑이 파손되거나 아예 없는, 크고 작은 천여 개의 석관이 회청색 이끼를 화석처럼 굳힌

네크로폴리스 묘지

채 여기저기 널브러져 있다. 쉽게 구할 수 있는 돌로 만든 것부터 고급 대리석으로 만든 것까지 석관 주인의 지위나 신분, 빈부의 차이가 드러난다. 아주 돈이 많은 사람들은 커다란 돌집을 지어 지하를 파고는 그 안에 석관을 안치하고 위층에는 생전에 고인이 즐겨 사용하던 유품들, 심지어는 값비싼 물건들까지 정리해 넣은 다음 입구를 두터운 돌로 교묘하게 봉쇄하여 그 입구가 어디인지 아리송하게 만들어 놓았다. 대리석 석관들 중 상당수에는 물고기 뼈처럼 생긴 표식이 있었는데 이것은 고인이 유태인이었다는 것을 의미하는 것이다. 그리스어로 새겨져 있어 읽을 수 없지만 죽은 이의 이름이 새겨진 어떤 석관에 누워 보니 기분이 묘했다. 이곳에서 사자만한 경비견들을 볼 수 있는데(절대 가까이 오지도 공격하지도 않으니 걱정하지 말길!) 퀭한 눈을 하고 어슬렁거려 더욱 음산하게 한다. 이처럼 분위기 어두운 잿빛 공동묘지인 네크로폴리스를 지나면 언덕 위에 새하얀 파묵칼레가 보인다.

박선미 인하대 사회교육과 교수

카파도키아,
신에 대한 끈질긴 믿음의 흔적

터키 지도를 좌우로 반을 접고 다시 상하로 반을 접어 4등분한다면 거의 정중앙에 카파도키아Cappadocia가 위치한다. 파묵칼레 동쪽에 위치한 지중해 바다를 볼 수 있는 휴양 도시 안탈리아Antalya와 세계에서 보존 상태가 가장 좋은 로마식 극장으로 매해 6월이면 세계적인 오페라 축제가 열리는 아스펜도스Aspendos를 지나 동북 방향으로 약 6~7시간 더 달리면 카파도키아에 도착한다. 아나톨리아 고원* 한가운데 자리한 카파도키아는 현재 터키의 네브세히르Nevşehir지방에 속해 있다. 카파도키아는 실크로드가 통과하는 길목으로 대상 행렬이 근대까지 이어졌기 때문에 실크로드 답사 코스로 빠지지 않는 곳이다. 카파도키아에 대한 최초의 기록은 BC. 6세기로 구약 성경이나 헤로도토스의 역사책에 종종 등장한 곳이다. 그곳에 직접 가면 마치 구약 시대로 되돌아간 것 같은 느낌을 받는다.

유네스코가 유일하게 세계 자연과 문화 유산으로 동시에 지정한 카파도키아의 경관은 영화 스타워즈의 촬영지였을 만큼 독특하다. 바다가 융기된

* 아나톨리아 고원은 해발 고도 800~1200m인 분지형 고원으로 동쪽으로 갈수록 고도가 높아져 아르메니아(Armenia)고원으로 이어진다.

석회암 지대인 이곳에 수만 년 전*에 예르지예스산(3917m)과 길류산(2143m)에서 일어난 화산 폭발로 화산재와 용암이 모암인 석회암 지대를 덮어 응회암을 형성하였다. 응회암층과 석회암층은 차별 침식을 받아 적갈색, 흰색, 주황색의 버섯 혹은 뾰족한 굴뚝 모양의 원뿔을 엎어 놓은 듯한 기암괴석을 끝없이 만들어 놓았다.

카파도키아는 기독교 역사상 의미 있는 곳이다. 기독교인들은 로마의 초기 기독교 박해를 피하여 이곳에 몰려와 살았다. 또한 6세기 후반 이슬람 왕조의 침공을 받게 된 기독교 신자들은 기암괴석에 굴을 파서 교회를 만들거나 지하 수십 미터를 파 내려가 지하 도시를 건설하여 그들의 신앙을 지키고자 하였다. 이러한 자연 환경에서 살아가는 인간의 삶에 대한 의지와 이를 가능하게 한 기독교의 정신은 보는 이의 감탄을 자아낸다.

카파도키아에는 세계 최초로 철기를 사용했다는 히타이트 제국** 때 이미 지하 도시가 형성되었다. 카파도키아는 앞서 이야기한 바와 같이 구약 성경에서 종종 등장하는 '믿음이 깊은 카파도키아인'의 도시이며, 헤로도투스의 역사서에서도 여러 전투에서 군사를 보내는 주요 전략적 요충지로 자주 언급될 만큼 그리스와 소아시아의 역사에서 매우 중요한 지역이다. 카파도키아에는 BC 5000년 전에 이미 여러 개의 소왕국이 있었고, BC 2000년 전에 히타이트도 제국을 세웠으며 그 후에도 프리지아와 리디아, 페르시아 제국, 알렉산더 제국, 로마 제국, 비잔틴 제국을 거쳐 셀주크투르크, 오스만투르

* 화산 폭발이 정확하게 언제 일어났는지에 대한 기록은 찾기 어렵다.

** 히타이트는 성경에 나오는 헷족으로 지금으로부터 약 4,000년전인 BC 2000년에 시작되어 BC 717년쯤 사라졌다.

카파도키아의 버섯 바위

크 제국이 차례로 카파도키아를 점령했다. 이러한 강국들이 자연 환경적으로 매우 거친 이 지역을 서로 점령하고자 싸운 이유는 카파도키아가 아시아와 유럽을 연결하는 길목으로서의 주요 교역로가 되었기 때문이다. 카파도키아인들은 전쟁을 피해 사암보다 부드러워 속을 파내기가 수월한 바위에 굴을 뚫고 살거나 아예 땅을 수십 미터 파 내려가 지하 도시를 건설하였다. 바위마다 구멍이 뚫려 있는 것은 창문이거나 대문이다.

네브세히르Nevsehir, 위르귭Urgup을 잇는 도로를 경계로 북쪽과 남쪽으로 나뉘는데, 북쪽에는 버섯 바위를 파내어 주거 단지를 만든 괴레메Goreme, 괴레메 동굴에서 약 3km 떨어진 높은 언덕에 바위를 파내어 생활한 우치사르Uchisar*, 도자기로 유명한 아바노스Avanos 등이 있고, 남쪽에는 데린구유Derinkuyu의 거대한 지하 도시 등을 볼 수 있다.

괴레메에서는 지상의 바위 동굴 속에 교회를 만들었는데, 동굴 교회는 지상에 있는 교회와 다를 바 없이 십자 형태의 구조를 하고 있거나 둥근 천장을 가진 곳이 많고, 교회의 벽면에 예수 그리스도의 생애와 죽음, 십자가의 고난과 부활을 주제로 한 다양한 성화로 장식되어 있다. 또한 괴레메에서 2km 떨어진 곳에 위치한 괴레메 야외박물관Open Air Museum에는 샌달 교회, 다크 교회, 뱀 교회, 사과 교회 등이 있는데 대부분의 동굴 교회 중앙에 예수의 성화가 그려져 있다. 다크 교회에서는 그리스도상과 수태고지, 베들레헴 여행, 세례, 최후의 만찬 등 석회 위에 그려진 선명한 색상의 프레스코도 볼

* 비둘기 계곡으로 유명하다. 우치사르의 바위들에는 수없이 많은 구멍들이 뚫려 있는데, 성채에 거주하던 기독교인들에게 성화를 그릴 수 있는 염료인 '알'을 제공해 주었던 비둘기들을 위해 사람들이 인위적으로 만들어 놓은 것이다.

1. 카파도키아 괴레메 지역

2. 괴레메 동굴카페 벽면

수 있다. 이곳의 벽화도 중국 실크로드 지역의 돈황의 벽화처럼 눈이 모두 훼손되었다. 기독교 성화의 눈이 훼손된 경우는 서아시아와 유럽의 교차로인 지역에서 흔히 볼 수 있는데 이는 이슬람과 기독교의 세력이 엎치락뒤치락한 흔적이라고 할 수 있다.

현재 괴레메 동굴 집은 호텔, 레스토랑, 카페 등으로 이용되는데 이곳을 둘러본 후 항아리 케밥을 먹고 터키식 커피Türk kahvesi를 한잔 마시는 여유를 가지는 것이 좋다. 동굴 카페에 들어가면 시원하고 건조하여 기분이 좋아진다. 또한 벽을 파내어 선반을 만들고 화덕 등을 만들어 놨는데 아기자기하고 참 예쁘다. 터키 인에게 커피는 삶의 일부이자 예술이다. 터키 커피는 우리가 보통 마시는 커피와 달리 작은 구리잔에 원두 가루를 넣고 찬물을 부은 다음 약한 불에 커피를 끓여 거품이 커피포트에서 넘치려는 순간 불에서 내려놓아 커피향이 날아가지 않도록 한다. 커피를 마시기 전에 커피 가루가 잔 아래 모두 가라앉을 때까지 기다려야 한다. 원두 가루가 가라앉기 전에 성급하게 마신다면 흑갈색 커피 가루가 이 사이에 끼어 곤란하게 된다. 커피를 다 마신 다음에는 커피 잔을 거꾸로 엎어 커피 가루가 흘러내린 방향이나 모양을 보고 점을 친다. 커피 점 결과는 대부분 좋은 쪽이란다. 커피를 마신 후 좋은 일이 일어날 것을 기대하도록 하는 살뜰한 마음씀씀이가 곱게 느껴진다.

괴레메의 동굴 카페에서 커피를 마신 후 깊은 우물(deep well)이란 뜻의 데린구유Derinkuyu의 지하 도시를 방문해보자. 데린구유는 한 사람이 겨우 지나갈 만한 폭의 복잡한 미로로 이어진 깊이 80m정도의 지하 도시다. 길이 복잡하고 빛이 들지 않아 화살표의 안내에 의존하여 몸을 구부린 채 내려가야 한다. 현재 2층까지만 관광객에게 개방된다. 이곳에는 환풍구가 있어 사람들이 오랫동안 거주할 수 있는데 밖에서는 밥 짓는 연기 등을 볼 수 없게 설계되어 있다. 데린구유의 지하 도시는 우물, 침실, 방앗간, 마구간, 예배당, 포도주 주조실 및 저장실 등이 갖춰져 있는데, 약 3만 명의 사람이 6개월 동안 살 수 있었다고 한다. 몸을 구부린 채 데린구유 지하 도시를 돌아보는 내내 기독교가 인간에게 미친 영향이 어떻게 이처럼 클 수 있었을까? 라는 생각을 떨치기 어려웠다.

박선미 인하대 사회교육과 교수

이란의 시라즈,
여성에게 하여간 불편했던 곳

미래에 대한 막연한 기대감과 불안감을 갖고 있던 고등학교 시절, 나는 앞으로 무엇을 하면서 어떻게 살아가야 할까? 고민하던 끝에 답답한 현실과 좁은 세계를 벗어나고 싶다는 생각을 한 적이 있었다. 엄격한 가정 환경 속에서 이를 벗어날 수 있는 길은 공식적인 여행을 할 수 있는 전공을 선택하는 것이었다. 그것은 바로 나로 하여금 지리학을 선택하게 하였고, 학생들을 가르칠 수 있는 기회를 가져다 주었다. 학창 시절부터 국내 답사를 가거나 친구들과 여행을 다니기 시작하였고, 졸업 후 교직 생활과 대학원 공부를 마친 후 기회가 닿는 대로 해외 여행에 참여하게 되었다. 여러 여행 중 가장 마음을 편안하게 하고, 유익하며 많은 것을 생각하고 느낄 수 있는 해외 여행은 역시 같은 전공을 하고 있는 지리 선생님들과의 해외 여행이었다. 몇 번의 해외 여행을 경험하던 중 2006년 여름 전국지리교사모임 홈페이지에 이란 답사가 있다는 공지를 보게 되었다. 고려대에 재직하시는 서태열 교수님과 선생님들이 주관하시는 답사였다. 평소에 가기 힘든 장소에 대한 호기심으로 앞뒤 가리지 않고 신청하게 되었고, 그 더운 여름 방학에 더 뜨거운 사막으로의 여행을 과감하게 시도하면서도 종종 들려오는 외신에 의해 과연 이란에 가도 되는 것인가 하는 막연한 두려움을 갖고 여행은 시작되었다. 2006년 7월 31일부터 8월 7일까지 7박 8일간 서태열 교수님을 비롯하여 지리 교사들과 조교 2명, 총 15명이 지리적 관점에서 이란 답사를 하게 되었다. 이 짧은 기간 동안 이란을 이해하기 힘들며 또 답사한 모든 것들을 일일이 나열할 수도 없는 상황이지만 나의 관점에서 '종교와 여성'이라는 측면으로 정리해 보고자 한다.

이란은 페르시아의 문화적 전통을 지닌 이슬람교 공화국Islamic Republic of Iran이며 다수 종파인 수니파가 아닌 시아파의 종주국이다. 1979년 호메이니의 이슬람 혁명으로 이란은 종교 국가가 되었다. 이곳에서 여성으로서 살아간다는 것은 어떤 의미가 있는 것일까?

우리의 일정 중에 후반에 있었던 시라즈Shiraz라는 도시를 통하여 고대 페르시아 제국 시절의 영화를 한 눈에 볼 수 있었다. 기독교인인 나는 성경에 나오는 고레스 왕이 당시 페르시아의 키루스 대왕임을 알게 되었고, 그가 유대인들을 해방시키며 여러 민족과 융합을 이루려 했던 왕임을 새삼 알게 되었다. 그의 무덤과 더불어 다리우스 왕의 전성기 때 궁전인 페르세폴리스Persepolis—유네스코 지정 인류 문화유산—를 보면서 이란이 그 당시 세계 제국의 중심이자 육상으로 연결되는 실크로드와 인도를 거쳐 오는 바닷길이 만나는 요충지로 동·서양의 문화가 집결되고 풍요가 넘치는 곳이었다는 사실을 짐작할 수 있었다.

한편 이란의 중앙에 위치하며 조로아스터 교의 본거지이고 실크로드의 중간 기착지이기도 한 야즈드Yazd에는 지금도 조로아스터 교도들이 거주하고 있다. 배화교로도 불리는 이 종교는 오리엔트 사회의 정신 문화에 큰 영향을 끼쳤으며 자연의 순환과 인생의 헌신을 강조하여 풍장이나 조장을 하는 풍습을 지녔다는 것을 침묵의 탑(조장터Tower of Silence)을 감상하며 알 수 있었다.

페르세폴리스에서

그리고 페르시안 이슬람 문화의 절정을 이루는 이스파한에서는 종교 국가를 상징하는 이맘 호메이니 광장Meidan Emam과 시장인 바자르를 볼 수 있었다. 이곳은 사파비 왕조 압바스 1세때 각종 행사나 폴로 경기를 위해서 만들어졌다. 광장 서쪽에는 알리카푸 궁전Aligapu palace, 동쪽은 세이크로트폴라 모스크, 남쪽에는 이맘 모스크가 있다. 그리고 광장 북쪽 양편에는 재래 시장인 바자르가 있다. 즉 이맘 광장은 정치(궁전), 경제(시장), 문화(모스크)의 중심지 역할을 하였다고 볼 수 있다. 이 중에서도 가장 인상 깊었던 것은 블루 모스크라고 하는 이맘 모스크이다. 푸른색 타일로 지어졌으며 정문은 상감 기법의 모자이크와 뾰족한 반원형의 종류석 디자인으로 되어 있다. 모스크의 본체는 항상 메카 방향으로 되어 있어 이들의 종교성을 엿볼 수 있었다.

또한 이들의 재래 시장인 바자르에서는 길 한가운데 모금함이 놓여 있

이맘 호메이니 광장

루싸리를 착용한 얼굴없는 마네킹

었다. 어려운 사람들을 생각하는 그들의 종교적 동정심은 높이 평가할 만하다고 생각되었다.

그러나 이렇게 하루에 다섯 번씩 기도하며 살아가는 종교 국가인 이란에서 여성으로 살아간다는 것은 어떤 것일까 생각해 보았다. 여행의 준비물에는 외국인에게도 스카프가 쓰여져 있었다. 설마 했지만 비행기의 착륙을 알리는 기내 방송과 함께 이란인으로 보이는 여성들을 비롯하여 모든 여성들은 가방에서 스카프를 꺼내어 머리에 두르기 시작하였다. 이슬람 문화 지역에서는 여성의 신체적 노출을 금지하여 부르카(발목에서 얼굴까지 모두 가리는 것), 차도르(머리에서 발목까지 가리는 것), 히잡(머리에서 상체를 가리는 것), 루싸리(머리만 가리는 것)를 착용하고 있다. 점차 도시의 젊은 여성들 사이에서는 히잡과 루싸리의 착용이 확대되고 있지만 여행을 하는 동안 부르카나 차도르를 착용한 여성들을 많이 볼 수 있었다. 처음 이란에 도착하여 묵은 호텔의 입구에도 외국인 여성들에게 히잡을 착용할 것을 공지하고 있었다. 겨우 7일간의 시간이었지만 이 루싸리를 착용해야 한다는 것이 나를 상당히 불편하게 하였고, 일상생활을 억압하고 있다는 불쾌감이 스며들었다. 바자르에서 본 얼굴 없는 마네킹에서도 상당한 충격을 받게 되었다.

이들의 가정으로 깊숙히 들어가 보면 여성들의 행복 지수도 높은 편이고, 가족 중심의 생활을 하기 때문에 가정적인 남성들로 인하여 정신적 행복감을 누린다고는 하지만 한 개개인의 일상생활 속에 사소한 옷 입는 것까지, 외국인 여성에까지 그것을 강조하며 억압한다는 것은 나를 언짢게 하였다. 2009년 '만해 평화상'을 받기 위해 한국을 찾았던 이란 인권 운동가 시린 에바디 변호사는 '이란에서는 여성 목숨의 가치는 남자의 절반에 불과하다' 면서 이슬람 정신을 왜곡하고 있다고 하였다. 진정한 종교 국가의 목표는 참 진리 안에서 모두가 행복을 누리는 사회라고 생각되는데…. 여성들이 참 행복을 누리는 이란을 기대해 본다.

이윤호 영락고 교사

리야드 인터콘티넨탈 호텔에서 : 지리정보표준화회의진과 위원회의 여성 참석자들. 우측 첫 번째가 총괄 비서인 비욘힐드이며 세 번째가 한국 대표단 본인, 좌측에 있는 두 명은 말레이시아 대표로 덮개의 패션이 사뭇 다르다.

사우디아라비아의 리야드, 여성 차별의 이슬람 종주국

사우디아라비아는 내 머리 속에 갈 수 있는 나라는 아니었다. 70년대 말 친구 아버지들이 그곳에 가서 힘들게 오일머니를 벌어와 컬러TV가 귀하던 시절에 구경을 갔던 기억만 아스라할 뿐이었다. 그런데 2007년 봄에 지리정보세계표준회의 장소로 사우디의 리야드Riyadh가 선정된 것이다. 평소에도 사우디 전문가팀들은 회의 후 연회에도 오렌지 주스만 마시더니, 가면 어떤 생활을 할 수 있을지 호기심이 샘솟았다. 회의를 앞둔 한달 전부터 사우디 측에서 편지를 보내 왔다. 다음의 편지를 가지고 사우디 대사관에 가서 잘 설명을 하고 협조를 구하라는 이야기였다. 설마 하며, 서울 서대문 역사 박물관

근처의 사우디 대사관을 찾았다. 직원은 아버지나 남편이 동행하는지를 먼저 물었고, 그렇지 않다고 했더니 편지가 아니라 무엇이라도 보낼 수가 없다며 잘라버리는 것이 아닌가? 같이 갔던 남자분은 유유히 비자를 받아서 돌아오는데 나는 그 후 3일 동안 국제 전화를 몇 통이나 하고서야 사진과 서약서(이슬람 종교의 규칙을 준수할 것과 이를 어길 시 사형에 처할 수도 있다는 것, 그리고 이상의 내용에 이의를 달지 않는다는 마지막 문구는 필자를 아연실색하게 만들었다)에 사인을 하고 난 후 비자를 받을 수 있었다.

홍콩과 바레인을 거쳐서 들어가는 리야드행 비행기에서 하강 30분을 남겨놓고 부지런을 떠는 여자들이 보였다. 자유롭게 입었던 청바지와 치마는 다 어디로 가고, 검은 색으로 머리까지 덮어 쓰는 일련의 작업을 수행하는 것이었다. 일행 중 여자는 나 혼자여서 어이할꼬 고민을 하는데, 공항에 내리자마자 마중나온 현지인이 나를 알아보고 손을 흔드는 것이 아닌가? 휴…. 살았다 싶어서 반갑게 다가가니 짐표 번호를 달라고 하며, 귀빈실로 안내를 하는 것이었다. 도착한 사람들에게 사우디 커피를 내놓으면서 웰컴을 외치는 가운데, 송화가루 냄새가 진동하는 사우디 커피에 입술을 적셨다. 조금 후에 한 여자분이 오면서 검정색 망토와 머리에 쓸 긴 머플러를 가져다 주었으며, 공공장소에서는 머리카락이 보이지 않도록 조심해 달라는 부탁을 하였다. 또한 미국 대사관의 여직원이 그냥 맨머리로 다니다 광장에서 종아리 20대를 맞는 일이 지난달에 있었다고 친절하게 귀띔까지 하는 것이 아닌가?

2년 전만 해도 부시의 이라크 침공으로 사우디에서도 자살 폭탄 테러가 있었고, 특히 우리가 머무를 인터컨티넨탈 호텔은 10명의 사상자가 발생한지 한달이 안된 곳이라 필자도 긴장을 하였다. 들어가는 입구 멀리서부터 탐지견을 동원한 검문, 그리고 차량 탐지 장치를 차 위아래로 대는 긴 절차를 거쳐서 입구에 들어갈 수 있었다. 석유가 많은 나라임에도 목이 매캐할 정도로 대기 오염이 심했으며, 아스팔트 길은 까만색으로 진주처럼 빛났다. 나중에 들은 이야기지만 워낙 원유가 풍부해서 찌꺼기인 콜타르에도 여전히 탄소 성분이 남아 있기 때문에 색도 더 검고 볕을 받으면 휘발성 물질이 증발을 하게 되어 그렇단다. 우린 다 뽑아낸 찌꺼기라 오히려 오염이 덜 된다니…. 이런 아이러니가 있나?

5일간의 회의 내도록 호텔에만 있다가 하루 리야드 시장의 초청 만찬으로 우리로 말하면 민속촌 같은 곳으로 이동하게 되었다. 킹스 빌리지King's Village라는 곳으로 한 시간 정도 북쪽으로 달려가니 흙벽으로 건물이 경계가 쳐 있는 것을 보게 되었다. 그 안에 다양한 형태의 시장 모습, 대장장이 모습, 베짜는 모습, 양탄자를 짜는 모습 등을 실제 사람들이 살면서 보여 주고 있었다. 특히 인상적인 것은 소에 멍에를 연결하여 우물물을 길어 올리는 모습이었다. 어딜 가나 남자뿐이었으며, 여성의 모습은 민속촌에서도 찾을 수 없었다.

돌아오는 길에 버스를 보니 칸이 두 개로 나뉘어 있었다. 옆쪽의 정식 문에는 남자가 타고, 뒤쪽 문간으로 여자들이 타서 매달려 있는 것이 아닌가? 그 전 해에 미국서 공부하고 돌아온 왕족 여자가 여성의 자동차 운전 면허를 허가해 달라는 운동을 벌이다가, 다음날 그 부모와 동조했던 친구들의 부모를 모두 태형으로 다스려 끽 소리도 못하고 사그러 들었다는 이야기까지 들었다. 그렇다면 나는 거기서 어떤 차별을 받았던가? 인터컨티넨탈 호텔은 메인 건물과 부속 건물로 되어 있었는데, 같이 간 모든 남자분들은 메인 건물의 우아한 방에 자리를 잡은 반면, 나의 방은 수영장 옆 방갈로였다. 샤워 부스만 달랑 있고, 욕조도 없는, 문도 이중으로 되어 있지 않아 겁나는 곳이었다. 중국에서 온 여자 대표 단장인 왕리가 옆의 방갈로에 자리를 잡고 있어 같이 가서 교체를 요청했으나 방이 다 찼다고 막무가내였다. 덕분에 날씬한 몸매를 가진 각국의 대표단과 평소에 덮고 사는 사우디인들의 수영 솜씨를 볼 수 있다는 것을 위안으로 삼았다. 평소에 정장을 입고 다녀야 했던 나는 검은 부르카 속에 편한 면바지와 반바지를 입고 오랜만에 게으름의 자유를 느꼈다.

리야드에는 약 1,150여 개의 해외 공장을 유치하고 있고 13만 개의 기업이 활동을 하며, 30% 이상이 해외 기업인 국제도시이다. 실제로 종합 상가와 같은 몰에 가면, 술 빼고는 없는 것이 없었다. 허드렛일은 주로 인도와 파키스탄 사람들이 하며, 바레인 및 이란 사람들은 매니저급 역할을 하고 있었고 필리핀 및 태국사람들은 자그마한 키와 부드러운 미소 탓인지 음식 서빙을 많이 하고 있었다. 세계 도시임을 자랑하는 나라지만 의식은 아직도 낙타 위에 머무는 모습이다.

사막에서 오픈카를 운전하는 프로그램도 있었으나 역시 남자들만 허락이 되었다.

장은미 (주)지인컨설팅 대표이사

Part 4

유럽의 틈새를 보다

이스트 런던 버려진 담벼락에 그래피티를 그리는 예술가

레그니츠 강변의 구시청사

체코, 프라하의 구 시가지

핀란트, 헬싱키 항구에 정박중인 유람선

핀란드
노르웨이
영국
폴란드
독일
체코
룩셈부르크
프랑스
루마니아
스페인
스위스

Travel 11

영국이 논어의 '온고이지신'을 말하다

이스트 런던의 버려진 담벽을 이용해 작업을 하는 그래피티 예술가

런던,
현대 미술의 중심지가 되다

대영제국의 수도 런던London에서 가장 인기 있는 볼거리는 무엇일까? 버킹엄 궁전의 근위병 교대식? 런던 아이? 대영 박물관? 쟁쟁한 후보를 제치고 1위를 차지한 곳은 바로 테이트 모던 미술관Tate Mordern Collection이다. 런던 템즈 강변의 낙후된 발전소를 리모델링한 이 미술관은 현대 미술을 대표하는 작품을 전시함으로써 영국인뿐 아니라 전 세계인의 사랑을 받는 공간이 되었다. 딱딱하고 엄숙한 미술관이 아닌 발랄하고 신선한 현대 미술 작품들을 보여 주

고 체험하게 함으로써–특히 2층, 3층에서 직접 미끄럼틀을 타고 내려오게 하는 기획 전시는 아이가 정말 좋아했다–미술관은 순식간에 어린이와 어른을 위한 놀이터로 변한다. 특히 테이트 모던의 카페에서 내려다보는 런던의 풍경은 언제 봐도 황홀하다. 영국 생활에 지치거나 우울할 때 테이트 모던의 참신한 기획 전시를 보면서 삶의 에너지와 위로를 얻곤 했다.

하지만 테이트 모던만 보고 온다면, 그건 코끼리의 다리만 만지고 오는 셈이다. 연중 계속되는 미술관과 박물관의 기획 전시, 수많은 아트 갤러리들과 아트 페어, 거리의 예술가가 밤에 몰래 그린 그래피티가 여기 저기 숨어 있다. 이러한 예술 공간들을 찾아갈 때마다 나는 평범한 영국인들의 미술품에 대한 열정과 사랑에 놀라곤 한다. 영국인들은 무뚝뚝하고 감정을 잘 드러내지 않기로 유명하다. '런던에서 활짝 웃고 다니는 사람들은 모두 관광객'이라는 농담이 수긍이 갈 정도로 영국인들은 다른 나라 국민에 비해 예술적 감성이나 창조적 기질이 부족해 보인다. 하지만 꼼꼼하게 정리하고 수집하는 문화, 제국주의 시대부터 축적된 방대한 컬렉션, 훌륭한 작품과 뛰어난 예술가에 대한 사회적 존경은 런던을 세계 최고 수준의 미술관이 집적된 미술품 거래 시장의 중심지로 부상시켰다.

실제로 평범한 영국인들의 예술을 사랑하는 마음은 영국을 창의 경제의 중심지로 부상시키는 원동력이라고 보아도 좋을 것 같다. 금요일 저녁 퇴근길에 미술관에서 데이트를 하는 연인들, 일요일 아침 일찍 혼자 미술관에 온 중년의 남성, 휠체어에 의지해 작품을 보러 나온 거동이 불편한 할머니, 유모차를 끌고 미술품을 사러 나온 주부 등 예술 작품을 즐겁게 감상하고 그 가치를 이해할 수 있는 안목을 지닌 평범한 영국인들을 미술관이나 갤러

1 2
3

1. 테이트 모던의 카페에서 차를 마시는 영국인
2. 테이트 모던 내부
3. 유모차를 끌고 미술관에 온 어머니들

런던 곳곳에서 볼 수
있는 화가의 동상

리, 아트 페어에서 쉽게 마주칠 수 있다. 신문을 펼치면 연예인과 동급으로 대접받는 스타 현대 미술가가 등장하고 역사적인 작품을 영국 미술관에 들여오기 위한 모금이 대중적 호응을 얻는다. 작품성을 인정받은 예술가는 경제적으로 풍족한 생활을 하며, 무엇보다 사회적으로 존경받고 역사적으로 기억된다. 워털루 역Waterloo Station을 비롯해서 런던의 곳곳에서 팔레트를 든 화

런던 현대 미술의 성지, 혹스턴 광장에서 펼치지는 행위 예술

가의 동상을 정치가의 동상보다 더 많이 본다는 인상을 받을 정도이다.

특히 런던 동부는 현대 미술의 실험장이다. 허름한 공장 지대에 입지한 신진 갤러리에서는 당대 최고 인기 작가의 아방가르드한 작품이 전시되고, 전설적인 화이트 큐브 갤러리 앞 혹스턴 광장Hoxton Square에서는 우주복을 입은 예술가의 퍼포먼스가 진행되기도 한다. 한창 건설 중인 런던 올림픽 경기장 주변 이스트 런던 지역은 그래피티의 천국이다. 가난한 예술가들이 넉넉한 공간과 싼 월세를 찾아 몰려들면서 예술가촌을 형성하였는데, 이들은 밤마다 자신들만의 파티를 벌이고 소리 높여 토론하며 창작의 에너지를 확산시킨다. 공장의 담벼락은 화려한 색깔의 거대한 그래피티로 가득 차고, 유명

1. 작품성 없는 그래피티를 제거하는 작업을 하는 업체의 직원

2. 저자의 도움으로 세계 각 문화권별 냄새를 표현한 작품을 만든 이스트 런던의 아티스트 오스왈도

세를 탄 그래피티 아티스트의 작품은 첼시의 메이저 갤러리에서 버젓이 고가에 팔리기도 한다. 이스트 런던 지역이 재개발되고 도시화가 진행되면 이들은 또 다른 낙후된 지역으로 쫓겨나고 세계 미술 시장의 호황은 경기 주기에 따라 수그러들 수도 있다. 하지만 단지 최첨단의 예술품을 보기 위해 허름하고 위험한 공장 지대를 찾는 평론가, 예술가의 창조성을 높게 평가하는 부유

템즈 강변의 행위 예술가

한 수집가뿐 아니라 누구에게나 무료로 개방되는 미술관에서 자신이 좋아하는 작품을 행복한 표정으로 열심히 감상하는 평범한 런더너Londoner들이 계속 존재하는 한 현대 미술의 중심지로서 런던의 위상은 쉽게 흔들리지 않을 것 같다. 런던의 다양한 예술 공간들을 탐사하는 여행은 우리의 감성과 창의성을 자극할 뿐 아니라 영국인의 생활 문화와 정서를 이해할 수 있는 기회가 될 것이다.

김이재 경인교대 사회과교육과 교수

브라이턴 피어의 놀이 시설에서 신나게 놀고 있는 아이들

브라이턴, 언제 가든 볼거리가 넘치는 곳

영국 철도 패스를 구입하여 시작한 여행이니까 보통 사람이라면 최대한 멀리 멀리 비싼 지역을 골고루 여행하는 것이 당연하겠지만, 너무나 아름다웠고 아이들이 행복해했기에 가까운 브라이턴Brighton을 두 번 방문했다.

런던에서 1시간밖에 걸리지 않기 때문에 런던으로 출퇴근하는 시민이 늘고 있다. 런던과 가깝게 연결되어 있지만 런던과는 다른 것으로 철도 청소원이 백인 남성이라는 점이 가장 먼저 눈에 들어왔다. 왜냐하면 런던뿐 아니라 대부분의 영국 지하철과 기차의 청소원들은 흑인 여성이 대다수였기 때문이다.

작은 어촌이던 이 곳은 국왕 조지 4세가 존 내쉬(건축가)를 시켜 '로열 파빌리온The Royal Pavilion(1818~1821)'을 짓게 한 이후 왕족의 휴양지로서 발전하게 되었다. 이 여름 궁전은 동양의 사라센 양식과 고딕 양식을 혼합시킨 영국의 절충주의 건축양식을 드러내고 있다. 그 외관은 인도 타지마할을 연상시키며, 화려한 실내 장식을 보면 중국 위주의 아시아 문화가 두드러져 보였다. 왕궁과 박물관, 갤러리가 함께 있어서 잠깐 둘러보기 좋으며, 영국 왕실을 상징하는 사자와 유니콘 등 바다의 왕국다운 해룡 상징물들이 곳곳에 있었다.

서둘러 브라이턴의 두 번째 랜드마크인 브라이턴 피어Brighton Pier로 향하였다. 피어 건축물이란 바다 위에 부두pier를 세우고, 그 위에 건물을 얹은 해양 건물을 가리키는데 초기처럼 단순한 선착장 기능이 아니라 쇼핑과 오락 공간으로서의 기능이 더해지고 있다. 100년도 훌쩍 넘은 브라이턴 피어는 빅토리아 시대 후기의 전형적인 건축양식을 볼 수 있으며, 여전히 많은 사람들의 마음의 휴식처이다. 사실 브라이턴 피어는 두 개다. 일찍이 1823년 만들어졌지만 화재로 인해 바다 위 흔적만 남아 있는 이스트 피어East Pier(Chain Pier)가 있고, 나중에 더 길게 지어져 지금까지도 사랑받는 웨스트 피어West Pier(Palace Pier)는 오늘도 화려한 조명으로 사람들을 끌어들이고 있다. 그다지 높지도 않은 롤러코스터이지만 마치 바다로 빠질 듯하니 색다른 느낌이었다.

브라이턴 분위기에 푹 빠지기 위해 영국 대표 음식인 피시 앤드 칩스Fish and Chips를 먹으며 536m의 피어를 천천히 둘러보았다. 대구, 가자미 등 주로 흰살 생선을 튀겨 감자와 함께 먹으나 최근 대서양의 대구 어획량이 줄어들 뿐만 아니라 칼로리가 높다는 이유로 젊은 여성들이 꺼려하는 등 예전만 못하다

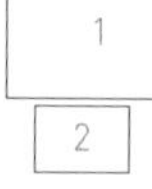

1. 로열 파빌리온

2. 내부에 전시된 동양의 불상

고 한다.

아이들은 해안에서 돌 던지기에 푹 빠졌다. 동글동글한 자갈은 바로 우리나라 거제도에 있는 몽돌해안의 그것이었다. 해안은 보통 구성물질에 따라 모래 해안과 자갈 해안, 갯벌 해안으로 구분되는데, 이러한 해안 퇴적물 구성의 차이를 가져오는 원인은 지질, 지형, 기후 및 해양 환경 등의 차이이다. 주

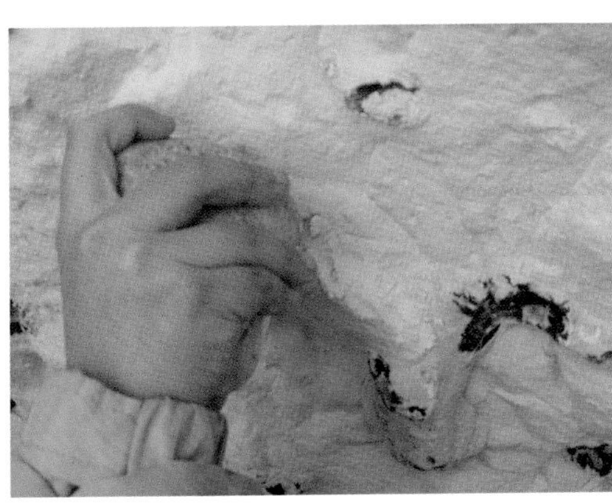

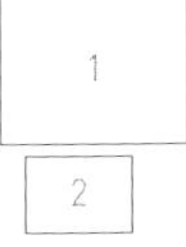

1. 세븐 시스터즈의 경관

2. 석회 절벽은 아이의 손길만으로도 쉽게 부서진다.

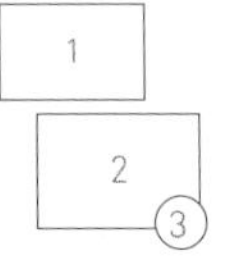

1, 2, 3. 브라이턴 피어에서

로 해수욕장으로 이용되는 모래 해안에 비해 원마도가 매우 높은 원력으로 이루어진 자갈 해안도 아이들에게는 신나는 놀이터이다. 돌 던지기 놀이에 좋은 자갈 해안은 대개 풍화에 저항력이 큰 변성암으로 이루어져 있다.

140년 된 수족관이 있을 정도로 오랜 역사를 지닌 해양 휴양 도시인 브라이턴은 정확하게는 브라이턴과 호브Brighton & Hove의 중심지를 의미한다. 서로 다른 두 개의 작은 도시가 점차 커지면서 하나의 도시를 형성하여, 브라이턴 지역은 상업 중심 기능을, 호브 지역은 주거 기능을 담당하고 있다. 해안가를 따라 즐비한 아름다운 호텔과 상점, 레스토랑들…. 대부분은 예전에 낚시꾼들의 별장이었다고 한다. 미로처럼 좁은 쇼핑 골목인 더 레인즈The Lanes에는 고급 최신 유행 패션부터 구제 가게, 전통 공예품까지 모두 있어 누구나 빠져드는 공간이다.

거리의 게시판에는 일년 동안 매달 열리는 축제 일정이 나와 있었다. 이렇게 언제 오더라도 축제가 있기에 허탕치는 일이 없는 곳이 브라이턴이다. 사실 몇 번 '잠시 외출중입니다' 팻말로 낭패를 봤던 가게에는 다시는 들리게 되지 않는 게 보통 사람 아닌가? 특히 5월 내내 열리는 연례 예술 축제와 더불어 8월 프라이드 페스티발이 가장 유명하다. 온통 핑크와 무지개빛으로 뒤덮이는 게이들의 퍼레이드를 좀 더 가까이 보기 위해 자리 선점도 치열하다.

브라이턴에서 버스를 타고 한 시간 정도 이동하면 나오는 세븐 시스터즈 공원Seven Sisters Park. 소와 양들이 있는 여유로운 초록빛 벌판을 지나면 세븐 시스터즈라는 이름처럼 7개의 새하얀 석회 절벽이 나온다. 바다에서 계속되는 침식에 의해 만들어진 해식애海蝕崖가 만들어 낸 위대한 경관에 잠시 숙연해지다가 더 가까이서 절벽을 보고 싶은 욕심이 생겼다. 아이의 손길만으로도 새하얀 석회 절벽은 쉽게 뭉개졌다. 일반적으로 유럽의 지질은 안정된 층이지만, 영불 해협에는 중생대 백악기의 미세립 석회질 화석이 퇴적한 초크층이라고 불리는 지질이 연속되어 나타난다. 당시 해수면이 지금보다 200미터 정도 높았다는 흔적이 바로 바다에 살고 있던 생물 코콜리스coccolith 조류가 퇴적된 석회암반층이 융기되어 드러난 것이다.

이와 유사한 경관은 바로 영불 해협 건너 프랑스에서도 발견된다. 노르망디 지방의 에트르타Etreta. 모네가 그린 코끼리 바위가 있는 석회 절벽이 그곳에 있으며, 괴도 뤼팽에 대한 이야기를 담은 「기암성」의 배경이자, 모파상의 「여자의 일생」의 배경이기도 하다.

류주현 공주대 지리교육과 교수

레고 블럭으로 만든 미니랜드

윈저, 장난감 속 레고가 현실로 튀어나오다

영국은 집 밖 놀이 공원 문화가 그리 발달되어 있지 않다. '오 솔레 미오o sole mio!'를 노래하는 지중해성 기후 지역의 이탈리아와는 달리, 찬란한 태양 보기가 어려운 서안 해양성 기후 지역인 영국이기 때문일까? 그나마 아이들과 찾을 만한 곳은 어린이와 가족이 함께 할 수 있는 레고 랜드Lego Land, 청소년들이 좋아하는 소프 공원Thorpe park, 빅토리아 시대부터 휴식 공간으로 자리매김한 여러 지역의 피어Pier 정도가 상설 놀이공원이라면, 이동식 서커스, 이동식 카니발, 스케이트장 등이 일시적으로 열리는 놀이공간이다. 이 중 런던 대도시권에 있는 레고 랜드와 소프 공원을 제외하고는 대부분이 소박하기 그지 없지만 순수하고 즐거운 공간들이다.

1996년 개장한 윈저 레고 랜드는 런던에서 40분 밖에 떨어지지 않은 데다 영국 여왕이 살고 있는 세계적인 관광지 윈저 성이 바로 인근에 위치하고 있어 많은 관광객을 유치하며, 특히 건전하고 수준 높은 교육 효과를 인정받아 영국 정부에서 최고 훈장을 수상함으로써 그 명성을 더하고 있다. 이 밖에도 레고사의 본사가 있는 덴마크 빌운트Billund에 처음으로 개장한 레고 랜드 빌운트Lego Land Billund를 비롯하여 미국 캘리포니아, 독일 군츠버그, 그 외에도 디스커버리 센터라는 이름으로 베를린, 시카고, 뒤스부르크 등지에 세계 어린이들의 교육과 놀이를 겸할 수 있는 공간을 운영하고 있다. 레고 랜드는 레고 블록으로 세계 여러 곳의 멋진 성과 건축물을 만들어 전시해 놓은 미니 랜드와 레고 블록 디자인같은 다양하고 재미난 놀이 기구들과 이벤트도 있지만, 무엇보다도 곳곳에 세워진 레고로 만든 모형이 너무나 세세하고 정교하게 만들어져 절로 탄성을 자아내기에 충분하였다. 사실 레고 블럭으로 만든 건축물이나 조형물이 뭐 그리 대단할까 싶었는데 말이다.

레고LEGO는 덴마크어 'leg'와 'godt'의 합성어로 '재밌게 잘 논다play well'는 뜻을 가진 'LEG GODT'의 줄임말이다. 레고의 변천 과정을 보면 산업의 고도화를 엿볼 수 있다. 1932년 창업 당시 덴마크의 목수 올레 키르크 크리스티안센이 손수 만들었던 나무 오리 장난감에서 내구성이 뛰어난 플라스틱으로 재료를 진화시켰으며, 변덕 심한 아이들이 장난감에 금방 싫증을 내는 것에 주목하여 여러 모양으로 바꿀 수 있는 블록 장난감으로 형태의 진화, 움직이는 동작의 진화, 성인 고객까지 아우르는 고객의 진화로 끊임없이 진화하여 왔다. 단순한 블록으로 무한대에 가깝게 다양한 형태를 만들어 낼 수 있다는 레고의 최대 특징 외에도 급변하는 환경에 적응하여 진화하여 왔기에 하루가 다르게 쏟아지는 장난감의 홍수 속에서도 레고는 스테디셀러로 굳건한 자리를 지켜올 수 있었다.

작은 장난감 하나로 만든 테마 파크가 지역 경제도 살릴 수 있구나…. 세계에서 가장 많이 팔리는 장난감 중 하나인 블록 '레고'를 테마로 한 테마 파크를 눈으로 확인하면서 들었던 솔직한 심정이다. 특히나 그곳을 눈여겨보게 된 까닭은 한때 우리나라도 레고 랜드 유치 대상지였기 때문이다. 1996년부터 경기도 이천시 호법면 일대에 레고 랜드를 유치하기 위해 레고 그룹은 끊임없이 노력했지만, 이 일대는 자연 보전 권역으로 묶여 있었다. 결국 수도권 정비계획법 개정이 실패하자 대신 독일 군츠버그 레고 랜드가 개장하게 되고, 설상가상으로 레고 코리아 이천 공장마저 폐쇄되었다.

전성기 빅토리아 시대에는 200여 개의 피어 건축물들이 있었지만, 지금은 50여 개만이 남아 영국인들의 휴식처가 되고 있다. 브라이턴 피어처럼 규모가 큰 것부터 작은 매점과 기념품 가게 하나가 달랑 운영되는 낚시터, 그리고 산책 코스로 이용되는 소박한 피어까지 다양하다. 뿐만 아니라 마을에 이동식 서커스, 이동식 카니발 등이 들어오는 날이면 아이들 표정이 한껏 밝아진다. 아무튼 상설 놀이 공간보다 이동식 테마 공원이 보편적인 것은 그 수요의 최소요구치가 작아서일까? 이동식 테마 공원이 설치되는 날부터 그들의 문화 공연, 놀이, 먹거리가 어우러져 말 그대로 축제날이 된다.

1800년대 후반 영국 스티븐스 가(家)에서 어린이들에게 당나귀를 태워준 것을 시초로 현재까지 6대에 걸쳐 카니발 사업을 계승해 오고 있는 월드

1
2
3

1. 네덜란드의 이동식 서커스

2, 3. 영국의 이동식 놀이 공원 내부 전경

카니발World Carnival은 현재 유럽에서 가장 큰 규모와 전통을 자랑하는 이동형 엔터테인먼트 테마 파크다. 월드 카니발은 1991년 동유럽을 시작으로 세계 각지를 순회하여 최근 우리나라에도 들어 온 적이 있다.

외국에서 박수치며 이동식 서커스를 보다 보니, 어린 시절 우리나라 최초 서커스단인 동춘 서커스 공연에 흥분했던 기억이 났다. 그랬던 동춘 서커스단이 텔레비전 방송의 출현 등 시대 흐름에 따라 쇠퇴기를 맞이하여 84년이란 역사가 2009년을 끝으로 사라지게 되었다는 뉴스를 보니 뭔가 허전한 기분이 든다. 지구 저편에는 아직도 매력적인 것이 우리에게는 한낱 낡은 것이라고 생각되는 걸까?

류주현 공주대 지리교육과 교수

머지 강에서 바라본 앨버트 독의 전경

리버풀, 버려진 항만을 문화 단지로 재탄생시키는 저력

잉글랜드 북서부 머지 강 끝에서 아이리시해에 접해 있는 세계의 관문 도시 리버풀Liverpool. 영국 제2의 항구 도시로 해양 무역의 중심지이자, 운하와 철도로 끈끈하게 연결되어 산업 혁명의 중심지 맨체스터를 가능하게 했던 무역 도시가 바로 리버풀이다.

유럽과 아프리카에 이어 신대륙과의 교역이 시작된 18세기 이래 무역항의 중요성이 높아지는 과정에서 비인도적인 행위에도 불구하고 노예 무역 중계항으로서의 리버풀 명성이 높아지자, 그때까지 번영했던 체스터·브리스틀

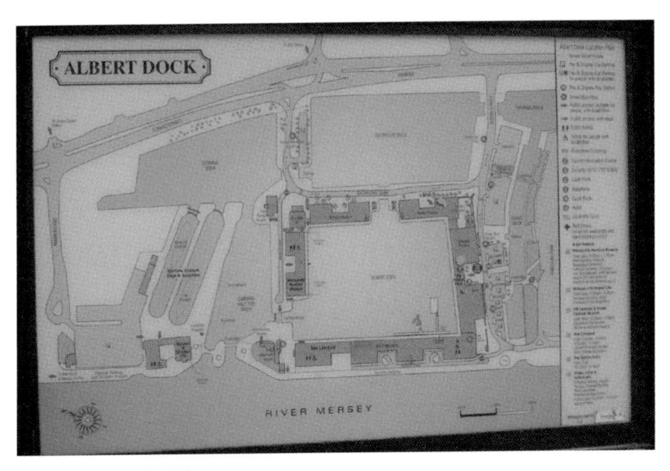

앨버트 독 입구의 안내도

의 두 항구를 능가하는 발전을 보이게 된다. 유네스코가 2004년 세계역사유산목록에 리버풀을 두고 '영국이 세계적으로 큰 영향력을 가졌던 시대의 상업항으로서 최고 사례'라고 설명하는 것이 그 역사적 흔적이라 할 것이다.

맨체스터를 산업 혁명의 중심지 맨체스터로 만든 도시가 리버풀이라면, 리버풀을 세계적 무역항 리버풀로 만들어 준 도시 역시 미들랜드의 중심지인 맨체스터이다. 그러나 점차 산업 재구조화 추세에 의해 제조업 기반 도시들이 그러하듯이 리버풀 역시 쇠퇴 일로에 접어들게 되어 지역 재활성화를 위한 정책이 절실하게 되었다. 그러한 리버풀의 역사를 한눈에 볼 수 있는 곳이 바로 앨버트 독The Albert Dock이다.

1846년부터 리버풀의 번영과 함께 하다 1972년에 폐쇄되어 버려졌던 앨버트 독은 1983년부터 문화 단지로 개발되어 1988년 5월 공식적으로 개장하였다. 비틀즈 스토리The Beatles Story, 테이트 리버풀Tate Liverpool Gallery, 머지사이드 해양 박물관Merseyside Maritime Museum, 리버풀 생활 박물관Museum of Liverpool Life 등의 다양한 문화 시설과 레스토랑, 호텔, 특화된 상점들이 모여 있다.

리버풀은 이곳만의 장소성을 이루고 있는 역사 문화 자원을 최대한 활용함으로서 도시 재생을 통해 성공적이고 활기찬 도시로 이행해갈 수 있었다. 따라서 유럽연합이 지정하는 2008년 유럽문화수도The European Capital of Culture가 되었고 이를 계기로 한 단계 더 성장할 수 있었다.

리버풀은 머지사이드Merseyside 개발 회사의 창고들을 도시 재생을 위한 역사 문화 자원으로 전환하는 매우 중요한 프로젝트였다. 설레이는 기대감에 도착한 앨버트 독의 경관에 잠시 실망했던 것도 사실이다. 크지만 투박한 항만의 모습 그 자체였기 때문이다. 그러나 그 건물 안에 담겨진 내용을 보고 나니 창고 벽면의 기중기 시설, 곳곳에 놓인 돛 하나에서도 역사를 볼 수 있었다. 테이트 리버풀 갤러리 역시 앨버트 독의 창고를 개조하여 만들어서 투박한 외관이지만 모던한 현대 미술품을 담고 있는 모습이 마치 템즈 강변의 화력 발전소 부지에 세워진 테이트 모던 갤러리를 떠올리게 하였다.

아프리카와 인도에서 데려온 노예 무역의 중심지였음을 보여 주는 국제노예박물관International Slavery Museum에는 노예 매매와 노예선 실상을 보여 줄 뿐만 아니라 1830년부터 1930년 사이 리버풀을 통해 떠난 900만 명의 이민자에 관련된 유물이 전시되어 있다.

무엇보다도 리버풀은 비틀즈의 고향으로 알려져 있기에 비틀즈 스토리Beatles Story를 빼고 이야기할 수 없다. 이 곳은 비틀즈의 모든 것을 엿볼 수 있는 곳으로 비틀즈 결성부터 해체까지의 음악 활동 및 각종 소품을 전시하고 있다.

1

2

1. 비틀즈의 모든 것을 보여 주는 비틀즈 스토리

2. 앨버트 독 건물 벽면에 남아 있는 무역항의 흔적, 고정 도르래

둘러보는 내내 흘러나오는 음악 속에서 그들의 체취를 느낄 수 있다. 하지만 이 것만으로 만족 못한다면 이 곳에서 출발하는 매지컬 미스터리 투어Magical Mstery tour에 몸을 맡기면 된다. 노래의 배경인 페니레인과 스트로베리 필즈, 조지 해리슨과 폴 매카트니의 생가, 매튜 거리Mathew St.에 있는 공연장 캐번 클럽Cavern Club…. 비틀즈가 무명 시절 출연했던 캐번 클럽은 지하철 공사로 인해 위치가 약간 달라졌지만 원래 건물의 벽돌을 사용해 재건축하였고, 1999년 폴 매카트니가 이곳에서 공연을 하면서 지금도 전 세계 팝애호가들의 순례지가 되고 있다. 그러다보니 리버풀 공항은 비틀즈 멤버 이름을 빌린 존 레논 공항Liverpool John Lennon Airport이 되었다.

최근 관광의 선택 요인 및 소비 패턴이 체험 및 참여형 관광 등 개별적인 관심 위주로 변화함에 따라 문화 예술, 문화 콘텐츠 등을 결합한 새로운 관광 수요가 증가하고 있다. 지속 가능하고 무한한 부가 가치를 지닌 관광 산업을 선점하기 위해 우리 지역이 가진 장소 자산을 정확히 알고 이를 효과적인 관광 콘텐츠로 개발하는 것이 필요하다. 예컨대, 다양한 역사 문화의 이야기가 있는 스토리텔링 관광이 가능하다. 스토리텔링 관광은 소설이나 영화, 드라마 속에 등장한 장소를 돌아보면서 작품을 통해 공유한 상상력과 감성을 재확인하고 이를 개인적 체험에 근거한 자기만의 서사와 결합하여 감흥을 느끼는 관광 방식이다. 비틀즈가 음반을 녹음했던 스튜디오, 앨범 재킷에 등장하는 횡단 보도, 공연장, 그리고 멤버들의 고향을 직접 느낄 수 있는 리버풀은 영국 최고의 스토리텔링 관광지 중 하나로 평가되고 있다. 마지막으로 'story'도 중요하지만 이를 'ing'로 재현한다는 점을 잊지 마시길….

류주현 공주대 지리교육과 교수

뉴캐슬 그레이 스트리트의 전경

뉴캐슬, 낡은 거리에서 가능성을 찾다

영국 뉴캐슬은 잉글랜드 북동부에 위치한 조용한 도시이다. 뉴캐슬 유나이티드 FC 축구팀으로 유명할 뿐 아니라 2007년 한 잡지에서 영국 젊은이들이 가장 가 보고 싶어 하는 도시로 선정된 바도 있다. 또한 선박이 통행할 때 다리 전체가 회전해서 접히는 밀레니엄 브리지Millenium Bridge, 강철과 유리로 만들어진 세이지 게이츠헤드 음악센터the Sage Gateshead, 발틱 현대 미술관 등은 뉴캐슬의 명소로 꼽힌다. 그리고 뉴캐슬의 그레이 스트리트Grey Street는 2007년 영국의 가장 아름다운 거리로 선정되었다.

그레이 스트리트는 뉴캐슬의 그레인저 타운Grainger Town에 있는 거리이며 역사적으로 매우 뛰어난 건물들로 구성되어 있다. 뉴캐슬을 방문하는 사

1. 그레인저 타운의 중심부

2. 그레인저 타운의 재래 시장

람은 누구나 한번쯤 이 그레인저 타운을 지나게 된다. 그레이스 모뉴먼트Grey's Monument가 도시 중심의 상징으로 우뚝 서 있고 그레이 스트리트와 그레인저 스트리트Grainger Street 등이 방사상으로 뻗어 있다. 그레인저 타운과 그 주변을 방문하면 엘던 스퀘어, 펜윅 백화점 등 뿐 아니라 오래된 역사적 건물 안으로 들어가면 고서적, 의류, 각종 고기류 등을 판매하는 재래 시장을 경험할 수 있다.

이 그레인저 타운은 영국에서 문화 유산을 지역 발전 프로그램에 활용한 사례 중 하나이다. 지역 발전을 계획하는 프로그램에서 보전이냐 재건이냐에 관한 문제는 영국뿐 아니라 한국에서도 중요한 문제이다. 영국에서 보전에 대한 현대적 접근을 시도한 것은 19세기 존 러스킨과 윌리엄 모리스의 작품으로, 이들은 경제적이고 사회적인 유용성보다는 도덕적이고 문화적인 필수 사항으로서의 보존을 강조하였다. 그러나 1970년대 이후 보전에 관한 개념은 단순히 지역 또는 도시 개발이라는 목적에서 탈피하여 문화 주도의 재건cultural-led regeneration이라는 의미로 한 차원 진화하였다. 보전이 역사적 환경을 위해 상대적으로 새로운 경제적이고 사회적인 역할을 하게 됨으로서 현재의 보전은 단순히 좁은 문화적 보전이 아니라 보전이 주도가 되는 재건conservation-led regeneration을 시도하고 있다(Pendlebury, 2002, 145).

뉴캐슬의 그레인저 타운은 보전 주도의 재건 사업으로 뉴캐슬 시의회와 영국 문화 유산의 파트너십에 의해 추진된 사업이었다. 그레인저 타운은 시의회가 1990년대 초에 붙인 명칭으로 1820년대에서 1840년대 이 도시의 중앙 상업 지구를 계획한 리처드 그레인저Richard Grainger의 이름을 본딴 것이다. 그레인저 타운은 시내 중심에 위치하여 역사적인 건축물이 많이 있음에도 불구하고 발생하는 도시 중심부의 공동화 현상이라는 문제점을 해결하기 위해 재건된 프로그램이었다. 이 도시 재건 프로젝트는 뉴캐슬 시의회와 이 지역의 주요 투자자들로 구성된 GTP(the Grainger Town Partnership)에 의해 1997년에 시작하여 6년 동안 진행되었다. 프로젝트가 진행되면서 그레인저 타운은 단순히 이 지역의 역사적 진실이 아니라 투자 장소로서의 브랜드와 이미지를 창출하는 방향으로 전개되었다. 그레인저 타운은 역사적 외관을 유지시킨 채facadism 그 후면으로 새로운 건물을 건설하고, 전면으로 상점들을 활성화할 것을 골자로 하여 만들어지게 된다. 이러한 파사디즘은 많은 보전주의자들에 의해 강력하게 비판되었지만, 그럼에도 불구하고 그레인저 타운에는 성 니콜라스St. Nicholas 건물이나 19세기 상업 건물의 개장이 이루어졌고 전면에는 상점들이 배치되었다.

그레인저 타운 프로젝트에서 도시 역사적 이미지는 어느 정도 그 지역에 긍정적인 역할을 하는 것처럼 보인다. 그러나 지금도 끊임없이 그레인저 타운은 현대적 기능을 갖추도록 요구받고 있으며 이러한 요구가 역사적 건물의 보존을 어렵게 하기도 한다. 지역 개발 프로그램에서 해결하기 어려운 과제인 보전과 재건의 양립가능성에 대해 생각해 보면서 뉴캐슬의 시내를 답사해 보면 색다른 여행이 될 것이다.

박선희 영국 뉴캐슬대학 방문 연구원

참고문헌

Pendlebury, J., 2002, Conservation and Regeneration: Complementary or Conflicting Processes? The Case of GraingerTown, NewcastleuponTyne, PlanningPractice&Research, 17(2), 145-258.

메트로 쇼핑 센터에 위치한 이케아 가구 판매점

게이츠헤드 외곽의 메트로 쇼핑 센터에서 미국식 쇼핑 패턴이 등장하다

총 면적 약 168,900m² 의 메트로 쇼핑 센터Metro Shopping Centre는 영국에서 가장 큰 쇼핑 센터의 하나로 알려져 있는 곳이다(홈페이지 http://www.metrocentre.uk.com/). 1986년에 개장한 메트로 쇼핑 센터는 1999년에 이르러 잉글랜드 북서쪽에 위치한 블루워터 쇼핑 센터에 유럽 최대의 쇼핑 센터라는 명성을 내주긴 하였지만, 쇼핑 센터가 차지하고 있는 면적에서는 아직까지도 영국에서 가장 큰 쇼핑 센터로 알려져 있다. 이 쇼핑 센터는 뉴캐슬 지역 중 하나인 게이츠헤드의 중심으로부터 서쪽으로 3마일 떨어진 곳에 위치하며 자동차나 버스 편으로 접근이 가능하다.

메트로 센터는 도시 외곽의 쇼핑 센터 개발 프로젝트 중 하나였다. 메트로 센터 건립 계획의 제안자 존 홀은 미국 모델에 근거하여 한 장소에서 대량의 상품을 살 수 있고 여가도 즐길 수 있는 대형 소매 상점 시리즈를 개발하기를 원했다. 1984년 존 홀은 야심찬 박람회를 열었고 당시 쇼핑 공간 부족의 문제를 고민하고 있었던 막스 앤 스펜서 백화점의 이해와 맞물리면서 메트로 쇼핑 센터 건립이 추진되었다.

메트로 쇼핑 센터의 1단계는 1986년 4월에, 2단계는 10월에, 3단계는 1987년에 이루어졌고 3단계에서는 버스 역과 주차장, 영화관 등이 들어섰다. 이 쇼핑 센터는 레드 몰, 블루 몰, 메트로 센터 큐브 등으로 구역이 나누어져 있다.

쇼핑 센터의 소유주인 캐피털 쇼핑 센터는 2008년 메트로 랜드를 닫고 메트로 센터 큐브로 재건축한다고 선언하였다. 이는 과거 음식점과 오락 시설의 입주를 제한했던 쇼핑 센터 개념 대신 스시 전문점Yo! Sushi, 피자 전문점Pizza Express이나 볼링 센터 등을 입주시킴으로써 메트로 센터가 단지 물품 구입의 기능뿐 아니라 오락의 역할을 담당하게 되었음을 의미한다.

이 쇼핑 센터에는 영국을 포함한 세계적 명품을 판매하고 있고, 명품의 이월 상품을 높은 비율로 할인하여 판매하고 있다. 또한 저렴한 가격으로 생필품을 구입할 수 있는 할인점, 세계적으로 유명한 조립 가구 이케아 판매 센터, 가족들이 즐길 수 있는 각종 여가 시설이 있어 많은 영국인들이 방문하고 있다.

하워드(1993)는 메트로 쇼핑 센터의 영향을 분석하는 논문에서 "이 센터는 소비자의 기호를 더 안락하고 더 특별하게 변화시켰으며, 더 대량으로 쇼핑하는 장소를 찾는 과정에서 그 장소를 방문하기 위한 기동성을 증가시

1
2

1, 2. 메트로 쇼핑 센터

켰다"라고 언급한다. 뉴캐슬의 게이츠헤드에 위치한 메트로 쇼핑 센터는 전통적인 상업 지구에서 행해지던 1960~70년대 영국의 소비 패턴에서 미국 스타일 쇼핑 패턴으로 변화되어 가는 과정을 보여 주는 대표적인 사례이다.

그러나 영국 내에서는 도시 외곽에 아메리칸 스타일의 대형 쇼핑몰이 등장함으로써 도시 내의 소매업을 보호하자는 목소리와 동시에 도시를 중심으로 한 관리 및 보존을 강조하는 목소리 또한 높아지고 있다. 메트로 쇼핑 센터 등장 당시 뉴캐슬은 약화되어 가고 있는 도시 중심의 소매업 기능을 활성화시키기 위한 그레인저 타운 프로젝트를 추진하였다. 지금 영국은 오래된 스타일의 쇼핑 센터와 새로운 형태의 쇼핑 센터간의 균형을 찾는 일과 더불어 지역 사회의 보존 요구와 소비자의 새로운 구매 형태에 대한 수요를 모두 만족시켜야 하는 도전에 직면해 있다.

뉴캐슬을 자동차로 방문하는 사람이라면 뉴캐슬 시내 중심의 쇼핑 센터인 그레인저 타운과 외곽에 자리한 메트로 쇼핑 센터를 함께 방문하면 의미 있는 쇼핑 관광이 될 것이다.

박선희 영국 뉴캐슬대학 방문 연구원

괴물 네시 박물관

하일랜드,
괴물 네시 전설의 바로 그 곳

영국인들에게 사랑받는 호수 지역Lake District 또는 The Lakes, Lakeland에 자리잡은 하일랜드Highland의 네스 호Löch Ness는 빙하의 선물로 만들어진 휴양지이다. 영국 북서부 지역에 위치한 레이크 디스트릭트는 수많은 호수 지역으로 이루어져 있고 영국의 14개 국립 공원 중 하나로 컴브리아 내에 위치하고 있다. 해수면보다 3000피트 높게 존재하는 영국에서 몇 개 안되는 산악 지역 중 하나이다. 이 지역의 아름다운 호수들은 약 15,000년 전에 있었던 빙하 시기의 지형적 결과물이다.

레이크 디스트릭트는 영국의 시인, 극작가, 소설가들의 사랑을 받았던 장소이다. 대니얼 디포(영국의 소설가, 대표작 「로빈슨 크루소」)는 그의 여행

칼레도니안 운하

책자 「A Tour Through the Whole Island of Great Britain(1724)」에서, 윌리엄 워즈워스는 「Guide to the Lakes(1810)」, 「A Guide through the District of the Lakes in the North of England(1835)」에서 이 지역을 소개하였다. 실제 레이크 디스트릭트에 거주하기도 했던 워즈워스의 책자는 이 지역을 대중화하는데 큰 영향을 주었다. 호수 주변의 A591 도로를 따라 드라이브를 하다 보면 윌리엄 워즈워스가 1799년에서 1808년까지 살았던 도브 커티지Dove Cottage를 방문할 수 있다.

또한 이 지역은 1902년 피터 래빗 시리즈The tale of Peter Rabbit라는 유명한 어린이 소설을 출판한 베아트릭스 포터와도 연관되어 있다. 그녀는 컴브리아(당시의

영국인이 사랑하는 호수 지역, 하일랜드와 레이크 디스트릭트

랭커셔)에 있는 이 호수 지역의 힐탑 농장Hill Top Farm을 구입한 뒤 47세가 된 1913년에는 이곳에서 거주하였다. 그녀의 사랑스런 작품 속에는 이 마을과 농장의 아름다운 풍경이 곳곳에서 등장한다. 그녀는 이 농장에서 자라는 허드윅 양을 사육하고 보여 주는 데 전력을 다하기도 하였다. 현재 그녀가 소유했던 4,000 에이커(16km²)의 토지와 오두막을 포함한 15개 농장은 내셔널 트러스트라는 단체에 기증되어 보존하고 있다.

하일랜드는 스코틀랜드의 관광 명소로서 레이크 디스트릭트와 함께 많은 호수들과 산지들로 구성되어 있다. 그 중 영국인들에게 가장 알려진 장소는 네스 호(湖)이다. 네스 호(스코틀랜드 게일 어로는 Loch Nis)는 인버네스

호수 지역

의 남서쪽에 37km 가량, 넓이는 56.4 km^2로 펼쳐져 있는 호수이다. 그 깊이는 230m 정도이며 이는 런던의 BTBritish Telecom타워(189m)보다 높다. 네스 호는 빙하의 침식에 의해 약해진 바위 틈을 따라 형성된 그레이트 글렌The Great Glen이라는 단층 위에 형성된 호수이다. 이 지역은 네스 호 외에 그레이트 글렌, 로치 호(湖) 분지, 위치 호(湖) 등이 형성되어 있어 지형 학도에게도 매력 있는 장소이다. 하일랜드 서쪽에 위치한 스카이 섬Skye도 함께 여정에 넣으면 멋진 해안 절벽도 구경할 수 있는 기회를 갖게 된다.

네스 호는 영국의 어린이들에게 사랑받는 곳 중의 하나이다. 그 이유는 네시Nessie라 불리는 네스 호의 괴물 때문이다. 16세기부터 네스 호에는 괴물이 산다는 전설이 전해져 오고 있으며, 이 전설은 1933년 이 호수에서 괴생물체가 발견된 이후 더욱 영국인들의 관심을 받게 되었다. 플레시오 사우루스와 닮은 외형을 가졌다는 네시는 많은 사람들이 봤다고 했지만, 2003년 BBC 방송에서 따로 프로그램을 편성해 전문가들과 함께 조사해 보았으나 탐지되지 않는 등 과학적으로 증명된 바는 없다. 그러나 괴물 네시는 어린이들이 좋아하는 캐릭터로 개발되어 스코틀랜드의 대표적 상징물 중 하나로 상품화되어 있고 매우 인기가 높다.

또한 네스 호, 로치 호, 위치 호 등을 연결하여 선박이 드나들 수 있게 한 칼레도니안 운하Caledonian Canal를 구경하는 것은 한국 수자원 개발에서의 중요한 이슈였던 운하 건설에 대해서도 의미 있게 생각해 보는 계기가 될 것이다.

박선희 영국 뉴캐슬대학 방문 연구원

엑서터에서 '험한 세상 위의 다리'를 그리다

서울을 출발한 지 만 하루 만에 영국 남서부에 위치한 엑서터Exeter에 겨우 도착하였다. 사건은 런던 히드로 공항 입국 심사대에서부터 시작되었다. 공항 직원이 한국서 왔다고 하니까 고양이 같은 눈으로 위에서 아래로 쭉 훑으며 쳐다보더니 공항 검역 센터에 가서 건강 검진을 받으라는 것이다. 공항 직원의 안내로 검역 센터로 가서 문을 여는 순간 어두운 빛이 문 밖으로 흘러나왔다. 정신을 차려 자세히 보니 커다란 가방을 든 아프리카 사람들이 대기실에서 건강 검진 순서를 기다리고 있었다. 공항 검역 센터에서 영국 입국이 가능하다는 판결을 받기까지 무려 네 시간이 걸렸다.

나를 초청해 준 교수님이 엑서터에서 기다리고 있을 것을 생각하니 온몸에 식은땀이 흐르고 입안에 침이 바짝바짝 마르기 시작했다. 시계를 보니 저녁 7시. 영국에 1년 체류할 짐가방을 들고 히드로 공항을 다섯 바퀴 정도 돌았을 때서야 겨우 버스 정류장을 찾을 수 있었다. 가까스로 버스표를 산 후 엑서터행 버스에 올라탔다. 목적지까지 네 시간 걸린다고 한다. 버스는 한두 시간쯤 달리다가 도로 위에 멈춰 섰다. 여기는 한국과 달리 휴게소가 아닌 도로 위에서 휴식을 취하나 보다 했다. 그런데 운전사가 연장을 가지고

사이먼 앤 가펑클이 작곡을 했던 버클리 찻집

차 밑으로 들락날락하고 버스에 탄 사람들이 운전석 쪽으로 가서 항의를 하는 것이 아닌가. 그러기를 두 시간, 자정이 넘어 차가 다시 움직이기 시작하였고 새벽 두 시에 겨우 엑서터에 도착하였다.

이렇게 천신만고 끝에 도착한 엑서터, 그 첫 느낌은 동화 속 나라와 같았다. 빨간 벽돌 위에 회색 지붕을 얹은 이층집들이 가옥 간 구분 없이 길게 연계된 모습은 마치 언덕 위의 뱀 같았다. 이 좋은 것을 보려고 내가 그 혹독한 대가를 치뤘구나 하는 생각이 들었다. 엑서터는 하운, 육운, 해운이 모두 가능한 사통팔달한 곳으로 중세부터 영국 남서부의 중심지였다. 엑서터의 유적지는 불행히도 2차 세계대전 당시 독일의 폭격을 맞아 일부분이 파손되었는데, 당시 독일은 역사 도시만을 폭격 대상으로 삼았다고 한다. 이 폭격으로 인해 중세 때 지어진 교회 건물과 조지안 시대에 지어진 일부 건물들이 파손되었지만, 로마인들이 만든 지하 수로와 성벽, 12세기에 지어진 성당, 산업 혁명 시대 양모를 수출하던 항구, 그리고 왕실 박물관 등은 잘 보전되어 로마 시대부터 현대에 이르는 엑서터의 역사적 숨결을 느낄 수 있다. 이런 곳에서 박사 후 과정 공부를 하며 꿈같은 일 년을 보냈다. 10년이 지난 지금도 가슴에 문신이 되어 지워지지 않는 몇 가지가 있다.

그 중 하나는 머리 아플 때마다 찾곤 했던 앨버트 왕실 박물관Royal Albert Memorial Museum이다. 앨버트 왕실 박물관은 영국 대부분의 박물관이 그런 것처럼 영국 고유의 것보다는 다른 나라의 유물이 전시물의 많은 부분을 차지한다. 그리고 관람자가 직접 체험할 수 있도록 전시 설계가 되어 있어 관람하는 내내 흥미진진하고, 관람 후에는 '로마 군인들의 하루 임금은 얼마였습니까?'와 같은 퀴즈 문제지를 방문객들에게 나누어 주어 전시물에 대한 이해를 돕는다. 이외에도 미술 전시회 때는 희망자에 한해서 1인당 4천원(2 파운드)씩을 받고 '화가와의 대화Lunch time talk'란 프로그램을 운영하는데, 이때 화가들은 관람자들에게 직접 작품 배경을 설명해 준다.

이러한 앨버트 왕실 박물관에 이어 가슴 속에 새겨진 또 다른 하나는 미국의 저명한 포크 듀오인 사이먼 앤 가펑클이 「험한 세상 위의 다리bridge over troubled water」란 노래를 작곡했던 빅레이Bickleigh이다. 빅레이는 엑서터에서 북쪽으로 7마일 정도 떨어진 시골 마을인데 사이먼 앤 가펑클이 '험한 세상

찻집에 앉아 그린 버클리의 다리

위의 다리'를 부르면서 관광 명소가 된 곳이다. 다리가 한눈에 들어오는 빅레이 찻집에 앉아 우유를 탄 홍차를 마시면 내가 사이먼 앤 가펑클이 되기도 하고, 그 옛날 다리를 놓던 석공이 되기도 한다. 사이먼 앤 가펑클은 오백 년이 넘은 다리의 견고함을 강조하기 위하여 물살을 험한 세상살이에 비유하여 작사하였는데, 나는 출렁이는 물결에 마음을 맡기고 연필이 가는 대로 그림을 그린다. 오백 년 전 이 다리를 만든 이들의 숨결이 느껴진다.

마지막으로 엑서터에서 가장 잊을 수 없는 것은 영국 엘리자베스 여왕을 바로 코 앞에서 본 것이다. 여왕은 2002년 어머니인 엘리자베스 모후의 장례식 때 깊은 애도를 해준 영국 국민에 대한 답례로 두 달간의 전국 순방길에 나섰는데, 그 때 마침 여왕의 행차가 내가 살고 있던 기숙사 옆을 지나게 되었다. 당시 여왕은 큰 모자를 썼는데 결코 웃지 않았다. 손도 흔들지 않았다. 손바닥을 살짝 안으로 오므린 채 손등만 살짝 보여 주었다. 그런데 엑서터 시민들은 환호했다. 심지어 어떤 이는 울기까지 하였다. 엘리자베스 여왕은 엑서터 시민들에게 마치 종교와도 같았다.

이러한 나의 행복한 추억이 아로새겨진 엑서터는 영국에서 가장 일사량이 많아 타지역보다 백인들이 많고 노년층 인구가 두텁다. 그래서인지 행인들의 도보 속도가 런던과 비교하여 상대적으로 느리다. 지나가는 행인들에게까지도 미소를 보낼 정도로 삶에 여유가 많다. 바쁜 일상에 쫓겨 나 자신이 어디에 있는지 모를 때면 느림의 미학이 있는 엑서터가 더욱 그립다.

이영희 중국 마카오 과학기술대학 교수

Travel 12

유럽의 저력은 도시 문화에서 나온다

헬싱키 항구에 정박중인 유람선

핀란드 헬싱키의 짧은 하루, 헬싱키에서 만난 사람들

2009년 여름, 유럽을 한번 가 보아야겠다는 바람을 실현하기 위해 여행을 시작했다. 여행 성수기인지라 처음에 항공편을 구하기 어려워 포기했다가, 우연히 핀란드 헬싱키Helsinki를 경유하는 핀 에어Fin Air를 이용하여 유럽에 가게 되었다. 헬싱키 여행은 이렇게 우연히 이루어졌다. 단 하루의 짧은 여행이었기에 보고 경험할 수 있는 것이 많지 않고 제한적이겠지만, 여행 행로를 따라 강한 인상을 남긴 헬싱키의 모습을 그려 보고자 한다.

헬싱키에 대해 소개하자면 최남단이라고 해도 될 만큼 핀란드 남쪽에 위치하며 발틱 해와 면하고 있다. 헬싱키와 주변 도시는 인구 100만이 넘어

백야 현상을 보여 주는 공항의 사진

핀란드 인구의 4분의 1을 차지하며(헬싱키 시는 60만명 정도), 경제적으로는 3분의 1 정도의 비중을 차지한다. 헬싱키는 핀란드의 경제, 교육, 연구, 행정의 중심 도시이며, 핀란드에 있는 외국 기업의 70%가 헬싱키에 위치한다. 이와 관련한 이주민으로 인해 헬싱키는 유럽에서 가장 인구 증가가 빠른 대도시 중의 하나이다. 1940년 개최될 하계 올림픽을 위한 경기장이 건설되었으나 제2차 세계대전으로 1952년에야 개최하게 되었다.

비행기에서 내려다보는 스칸디나비아 반도의 모습은 숲으로 가득했고 해안선의 작은 섬과 호수들이 두드러지게 눈에 띄었다. 핀란드 정부에서는 과연 저 섬과 호수의 수를 정확히 다 파악하고 있을까 하는 의문이 들었다. 8월

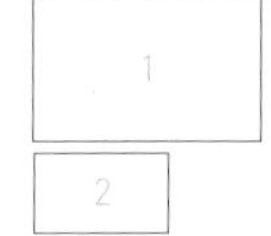

1. 헬싱키 시내를 오가는 트램
2. 한국인 친구를 가졌다는 젊은 아가씨(트램 안)

20일 오후 4시가 넘은 시간에 공항에 내려 짐을 기다리던 중, 핀란드의 백야 풍경 사진과 디자인 강국을 자랑하는 내용의 지도 전시물이 눈에 들어왔다. 알아볼 수 없는 수우미 어(핀란드 어), 스웨덴 어, 영어가 함께 적힌 간판들과 함께였다. 공항에서 헬싱키 시내로 들어가는 길에 보이는 쭉쭉 뻗은 나무, 도로, 그 사이로 지나가는 장난감 기차같은 트램, 이것들을 보면서 생전 처음 와 보는 핀란드의 공기를 다시 한번 호흡했다. 어찌나 시원하든지, 이미 가을이 온 듯했다.

장난감 같은 기차, 트램을 타 보고 싶은 마음에 호텔에서 얼른 시내로 나갔다. 트램 운전기사(우연인지 모르겠지만, 내가 탔던 트램은 모두 여자 기사가 운전을 했다)에게 1일(24시간)동안 헬싱키의 온갖 교통 수단을 이용할 수 있는 티켓을 구입하고, 트램 노선도를 하나 부탁해 받았다. 그러나 도저히 알아볼 수 없는 언어인지라, 눈치껏 물어물어 이용하는 수밖에는 달리 도리가 없었다. 다행히도 한국인 친구가 있다는 어떤 젊은 아가씨가 도움을 주었다. 사슴 고기 요리를 하는 핀란드 전통 식당도 소개해 주면서 참 친절했다. 관광 지도를 보면서 위치를 척척 찾아내는 것이 지도 읽기에 능숙한 모습이었다.

트램은 모두 9개의 노선이 운행되고 있으며, 핀란드에서는 헬싱키에만 트램이 운행된다고 한다. 1982년 건설된 지하철이나 버스, 통근 열차, 페리 등 다양한 교통 수단이 있지만, 관광객으로서 바깥 풍경을 감상하는 데 제격인 트램을 타고 헬싱키를 둘러보기로 했다. 오후 늦게 헬싱키에 도착한 후 꽤 시간이 흘렀을 텐데 아직도 바깥은 훤했다. 핀란드 각지와 외국으로 가는 기차가 출발하는 헬싱키 중앙역에 내리니 시계가 9시를 가리키고 있었고 아직 해는 지지 않은 듯 했다. 하지만 시계와 번갈아 깜박이는 온도계 불빛은 16이

1 2

1. 밤 9시 경의 헬싱키 중앙역

2. 헬싱키 중앙역의 공사중인 시계탑 (20시 59분)

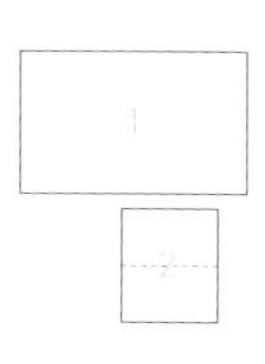

1. 헬싱키 대사원과 부두의 오픈마켓

2. 헬싱키 항구에 정박중인 유람선

1
2
3

1. 뜨개질을 하고 있는 모자 노점의 할머니

2. 다양한 야채를 팔고 있는 아주머니

3. 제철인 각종 베리류를 파는 아주머니

라는 숫자를 나타내고 있었다. 헬싱키의 8월 평균 기온이 19-21℃ 정도라더니, 밤이 깊을수록 점점 한기가 들기 시작했다. 입술을 부딪히며 덜덜 떨고 있자니, 한 헬싱키 아저씨가 요즘 들어 날씨가 따뜻하다면서 웃는다. 함께 트램을 타고 오는 동안 철도변 호숫가의 한 카페를 관광 장소로 추천하면서 꼭 들러 보라고 한다.

다음날, 여행기에 나오는 명소를 찾아보기로 했다. 헬싱키 대사원The Lutheran Cathedral과 마켓 광장Helsinki Market Sguare, 세계 문화 유산으로 지정된 수오메린나 요새Fortress of Suomenlinna 등을 둘러보기로 하고 다시 트램을 탔다. 헬싱키 시내의 건축물과 도로는 왠지, 규칙적이면서도 정리된 듯한 느낌, 답답하지 않으면서도 너무 넓거나 규모가 크지 않은 모습이었다. 흡사 사회주의 국가의 도시같은 느낌이랄까? 나중에 찾아보니, 헬싱키에는 러시아의 상트페테르부르크를 흉내낸 신고전주의 건축 양식으로 조성된 부분이 있다고 한다. 그래서 냉전이 한창일 때 할리우드 영화 「크렘린 편지The Kremlin Letter(1970)」, 러시아 혁명의 르포 취재기인 「세계를 뒤흔든 10일(1927)」을 영화화한 「레즈Reds(1981)」 등을 헬싱키에서 촬영하기도 했다.

수오메린나 요새로 향하는 유람선을 타기 위해 찾은 헬싱키 항구에는 호화 유람선 실야SILJA와 바이킹VIKING이 버티고 있었고, 마켓 광장에서는 완두콩을 비롯한 각종 야채와 온갖 종류의 베리berry류, 털옷과 털모자, 장신구 등을 판매하는 노점상들의 일상도 접할 수 있었다. 외국에서 온 야채도 많지만, 그래도 짧은 여름에나 볼 수 있는 풍경이리라 짐작해 본다.

수오메린나 섬에 들어가니 웬일로 성당 부근에 사람들이 모여들었고, 연이어 군악대의 반주에 맞추어 사열이 진행되는 게 아닌가? 한 어머니는 그날

1. 군대 간 아들의 점심을 준비해 온 어머니
2. 헬싱키 동물원에 가는 노부부와 손주
3. 헬싱키 동물원행 배표 구입하는 곳

아들을 군대에 보낸 지 한 달이 되는 날이라며 행렬 속에서 아들을 찾느라 집중하고 있었다. 군인들이 모두 비슷하여 아들을 찾을 수 있을지 걱정이라며 아들을 위해 준비해 온 점심을 한손에 쥔 채 행렬에서 눈을 떼지 못하더니, 드디어 찾고는 웃음짓는다. 한국의 어머니와 다르지 않은 모습이었다.

요새 이곳저곳을 둘러보고 돌아오는 길에 헬싱키 항구 한 켠에서 배를 기다리는 한 가족(할아버지와 할머니 그리고 귀여운 꼬마)을 만났다. 그들은 동물원으로 가는 배를 기다린다고 했다. 헬싱키 동물원은 해안의 한 섬에 있는데 야생의 생활을 하는 동물의 모습을 그대로 볼 수 있는 곳이란다. 기린이나 코끼리가 없다고 하는데 이는 핀란드가 고위도에 위치한 사정 때문이라고 생각하기로 했다.

하루만의 짧은 여행을 마무리하고 떠나야 할 시간이 다가왔다. 어제 그 아저씨가 추천한 호숫가의 카페에는 가보지 못했다. 거기 앉아 휴식을 취하기에는 다소 짧은 하루 여정이었지만, 숨이 턱 막힌다는 한국의 여름 공기를 마시면 더욱 그리워질, 청량한 헬싱키의 8월이 아쉬움으로 남는다. 그 아저씨에게도 두세 달 남짓한 여름의 햇빛은 역시 아쉬움이겠지. 여름이니까 덥지 않아도 차가운 물 속에 들어가 수영을 즐기고 싶은 헬싱키 사람들, 그들에게 여름의 짧은 밤은 피곤하지만 싫지 않은 것이 아닐까?

윤옥경 청주교대 사회과교육과 교수

노르웨이 몰데, 태양빛이 귀하고도 귀한 노르웨이의 숲

2009년 5월의 더운 날에 노르웨이의 오슬로Oslo에 도착하여, 예약해 놓은 호텔로 이동을 하였다. 그런데 오슬로 주변의 호텔에서 개인 파티를 한다며 다른 호텔로 이동을 하라고 갑작스럽게 택시를 불러 주는 것이 아닌가? 더 좋은 호텔이란 말에 택시에 몸을 싣고 10분 남짓하여 길가 숲속에 자리한 호텔에 도착하였다. 건물 네 개의 동이 연결이 되어 있는데 중앙의 주객실 카운터가 있는 건물로부터 각 건물로 다른 층의 통로가 이리저리 연결되어 있었

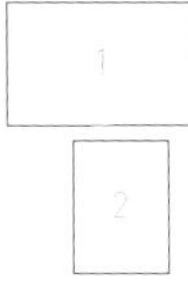

1. 몰데의 호텔. 주변에서 가장 높은 호텔로 발코니가 있는 방은 풍광이 좋다. 7일 중 하루만 이렇게 맑은 날이 있었으니 멋지긴 하지만 우울한 곳임에는 분명하다.

2. 햇볕이 귀한 곳에서는 빛을 최대한으로 얻기 위한 호텔 구성을 할 수밖에 없었을 것 같다. 오슬로 공항 근처 퀄리티 인의 풍경. 건물을 이어주는 통로조차 빛으로 가득하다.

오슬로 공항 근처 호텔 산책길에서. 나무가 쓰러지면 주변의 작은 풀과 나무는 햇빛을 받아 생장을 하게되는 갭(GAP) 현상을 찾을 수 있었다.

다. 다음날 관찰하여 파악한 사실이지만 햇빛이 귀한 북구에서 모든 건물이 가장 태양 빛을 많이 받을 수 있는 구조를 염두에 두고 여러 개의 동을 배치한 사실을 알 수 있었다.

다음날 아침 몰데로 가는 비행기 시간까지는 아직 시간이 남아서 근처 숲속을 뒤지기로 했다. 일본 작가 무라카미 하루키가 쓴 「노르웨이의 숲」이 문학계를 달군 기억도 있고, 소위 북유럽의 침엽수림을 관찰하고자 사진기를 들고 나섰다. 호텔 주변에는 숲으로 가는 산책로가 여러 개 있었고 그 사이에서 나무 둥치가 통째로 꺾어진 갭GAP현상도 관찰할 수 있었다. 갭은 유명 의류상표가 아니라 숲이나 연속된 자연 경관에 구멍이 난 상태를 의미하며, 이 갭은 생태계의 역동성을 의미한다. 즉 오래되어 늙은 나무가 하나 쓰러지면 그것을 기다리던 주변의 작은 나무들이 빛을 받아 쑤욱 클 수도 있고, 넘어진 나무 뿌리에 붙어 살던 미생물군도 변이를 일으키거나 적응력을 강화할 수 있는 기회를 마련하기도 한다. 예상한 대로 침엽수인 전나무와 가문비나무도 관찰할 수 있었지만 의외로 더 다양한 활엽수림과 초본류도 무성했다. 오슬로 공항에서 1박을 하는 사람들에게는 숲을 돌아볼 수 있는 여유를 갖도록 권하고 싶다.

드디어 비행기로 50분 남짓을 서쪽으로 날아가니 큰 호수 같은 해안이 나타났으며, 비행기는 하강을 시작했다. 해안선을 따라 길게 뻗은 활주로에서 몰데Molde 사람을 제외하고는 모두가 탄성을 지르기 시작했다. 나중에 시청서 들은 이야기로는 243개의 봉우리가 몰데를 감싸고 있다고 한다. 5월 말에도 만년설이 그대로 있는 모습이 그림 같았다. 몰데는 인구 3만의 작은 도시이지만, 3만불 국민 소득을 이루는 데 일곱 번째로 기여하는 경제 규모를 갖는 도시라고 한다. 걸어서 30분이면 다 돌아보는 작은 도시지만 해안을 따라 부자 동네는 산 중턱에, 어려운 사람들은 해안가 중심 도시에 지어진 아파트에서 밀집해 살고 있었다.

내가 여기 온 이유는 지리 정보 표준 28차 회의에 참석하기 위해서였다. 세계 표준화 기구(ISO)에서 각 기술 분과별로 표준을 제정하고 있는데, 지리 정보 분야는 노르웨이 표준화기구 담당자가 의장을 맡고 있다. 물론 비서도 노르웨이 여자 분이며, 회의 장소를 몰데로 정한 이유도 이곳이 바로 그 비서의 고향이라서였다. 우리가 머무른 숙소는 11층 높이의 호텔이었는데 그 도시에서 가장 높은 건물이기도 했고 100% 유리로 표면을 싸고 있어서, 10시가 넘자 노을이 그대로 비춰지는 장관을 살려내기도 했다. 예쁘기는 그 앞의 호

1. 다음 날 다시 찾은 애틀랜틱 로드, 이끼류와 해조류가 암석쇄설물을 타고 자라 맘껏 광합성을 하는 모습을 볼 수 있었다. 높이는 약 160미터, 도로가 좁아서 건너가면 겁난다.

2. 비 오는 애틀랜틱 로드, 섬과 피오르드와 반도를 이어 주는 곳인데 가는 날 찬비와 바람이 심해서 다음 차를 못 기다리고 히치하이킹을 할 수밖에 없었다.

텔이 더 마음에 들었으나 사람은 거의 보이지 않았다.

5일 출장 기간 내도록 회의가 진행이 되어 돌아다닐 여유가 없었으나, 해가 11시에 지는 상황이라 6시 일과를 마치자 지리학자의 본성이 스멀스멀 나오는 바람에 시외버스를 타고 주변에 있는 애틀랜틱 로드Atlantic Road(Atlanterhavsveien)를 향해 갔다. 시외버스 손님은 나와 지리원의 계장님 한 분이 다였으며, 옛날 버스 차장처럼 앞에 동전이 들어가는 돈통을 차고 있는 사람이 영수증까지 발급되는 미니컴퓨터 역할을 해내고 있었다. 애틀랜틱 로드는 몰데에서 크리스챈드라는 도시로 가는 길목에 있었는데, 여러 피오르드와 섬을 잇는 연육교로서 가장 아름다운 곳이라고도 한다. 몰데에도 두산중공업이 그곳서 1~2위를 다투던 중장비 회사가 도산한 것을 인수하여, 주변의 선착장 확장 공사에 중장비를 납품하고 있었다. 표준을 주도하며, 전 세계 29개국의 표준 전문가를 자신의 고향으로 불러낸 지리정보표준화회의 총괄 비서 비욘힐드의 눈물어린 감격의 변이 더욱 감동적이었다.

장은미 (주)지인컨설팅 대표이사

체코의 프라하,
시간과 자유와 사랑이
현존하는 도시

프라하Praha하면 떠오르는 문구란, '천년 고도古都의 도시', '중세의 진주', '동유럽의 파리', 그리고 '예술과 낭만의 도시' 등일 것이다. 어느 하나 틀린 것이 없는 말이다. 그만큼 매혹적인 도시 프라하는, 개인적으로 영화 '아마데우스(1985)'의 배경지로 가장 처음 접한 곳이었다. 어린 시절, 동네의 한 비디오가게에서 빌린 아마데우스를 몇 번이고 반복해 보며, 이 괴짜 천재 모차르트를 너무나도 사랑하게 된 나는, 유럽 중에서도 오스트리아·독일·체코만은 꼭 가 보리라 다짐했었다. 그런 나에게 어느덧 찾아온 프라하로의 여행은 내 감성에 축복을 내려준 기회였다. 어디를 가나 음악이, 그림이, 책이, 그리고 연인들이 있었으니 말이다.

스메타나, 드보르자크의 출생지이자 모차르트의 작품 「돈 조반니Don Giovanni」의 초연 장소로 잘 알려진 프라하는 거리의 악사들까지 포함해서 도시 자체가 하나의 거대한 음악이었다. 누가 듣든 말든 애절한 바이올린을 켜는 중년의 음악가, 추억을 느끼게 해 주는 아코디언 연주를 하는 할아버지 음악가, 기타를 튕기며 멋진 노래를 부르는 젊은 음악가 등 거리의 악사가 들려주는 연주는 나도 모르게 빠져들게 된다. 어디 그뿐이랴! 「돈 조반니」가 초

프라하의 구 시가지. 붉은 지붕의 오밀조밀함이 현대식 마천루와는 다른 고풍스러움을 느끼게 해 준다.

연되었다는 에스타테스 극장The Estates Theatre과 국립 극장Narodni-divadlo, 국립 오페라 극장Statni Opera Praha에서는 여전히 클래식 공연이 연주되고, 유명한 카페 레투타Reduta에서는 재즈가 연주된다. 곳곳에 걸린 공연 포스터들과 더불어 거리에 놓인 쓰레기통에도 모차르트, 드보르자크, 베르디(베르디는 이탈리아 출신이지만 혁명의 소용돌이 속에서 조국 독립을 부르짖던 사람들에게 환영을 받은 작곡가여서 체코에서 인기가 높다)의 초상화가 붙어 있으니, 체코인이라면 누구나 음악가라는 말이 무색하지 않다.

음악 공연과 더불어 빼놓을 수 없는 한 가지는 바로 인형극 공연이다. 아마도 SBS 드라마 「프라하의 연인」을 본 사람이라면 이 작품에 나왔던 마

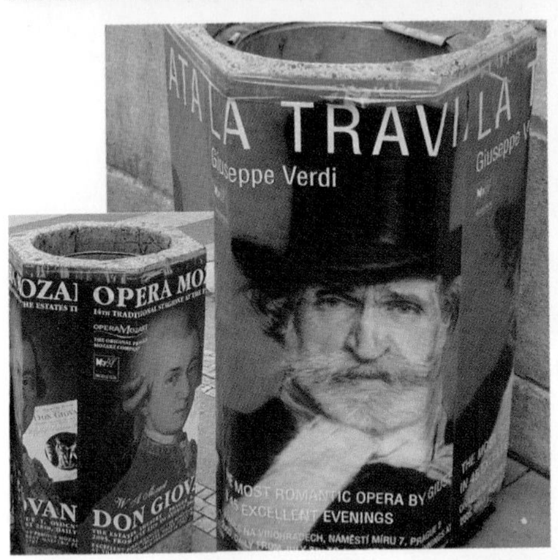

1. 스메타나 홀이 있는 시청문화회관
2. 돈 조반니의 초연장소인 에스타테스 극장
3. 베르디와 모차르트의 초상화가 붙어있는 거리의 쓰레기통
4. 마리오네트 인형 상점

5, 6. 음악성을 인정받아 당국의 허가증을 받은 자만이 공연할 수 있다는 거리의 악사들

리오네트 인형을 기억할 텐데, 프라하 시내 곳곳에는 이러한 마리오네트 인형을 파는 상점과 인형극을 공연하는 극장이 많았다. 인형극의 주된 아이템은 「돈 조반니」이지만, 이 외에도 우리가 익히 알고 있는 피노키오, 백설공주 등의 공연도 하고 있어 대사를 알아듣지 못해도 충분한 재미를 느낄 수가 있다. 우리나라에서 쉽게 찾아볼 수 없는 공연이니만큼 프라하에 왔다면 꼭 인형극을 보라고 말하고 싶다. 인형을 움직이는 정교하고 섬세한 손놀림은 가히 예술의 경지이니 말이다.

음악을 듣다 보니 어느새 책이 펼쳐져 있다. 그렇다. 프라하는 릴케와 카프카와 쿤데라의 고향이기도 하다. 특히 프라하에서 태어나 프라하에서 자랐고, 프라하에 너무나도 깊이 안겨 결코 프라하를 떠날 수 없었고, 결국에는 프라하에서 죽고 만 카프카는 프라하와 하나되어 산 작가다. 그리고 프라하의 중요한 관광자원이 되었다. "프라하는 놓아주지 않는다. 이 어미는 맹수의 발톱을 가지고 있다."라고 말한 그는 프라하에 대한 애증을 말하고 있다. 떠나고 싶지만 떠나지 못하게 하는 마력이 숨어 있는 도시…. 카프카에게 프라하는 그런 장소적 의미가 있는 곳이 아니었을까 생각해 본다. 「변신」이라는 그의 작품에서 갑자기 한 마리의 갑충으로 변한 그레고르가 그러한 실추 상태에서도 살기 위한 동물적 고독에 빠지는 모습은, 마치 황금소로Zlata ulicka의 22번지에서 마주친 그의 작은 생가에서 고뇌했을 그의 모습과도 연결되었다(다분히 개인적인 느낌이다). 이 황금소로는 연금술사의 골목으로도 알려져 있는데, 고개를 숙이고 들어가면 낮은 집들이 옹기종기 모여 있고, 바닥 전체는 몽글몽글한 돌멩이로 뒤덮여 있다. 이 거리 한가운데에 서면 아름다운 하늘도 감상할 수 있고, 같은 하늘빛으로 벽에 색칠이 되어 있는 집은 카

1. 황금소로에서 본 하늘·바닥·카페

2. 황금소로 22번지 카프카의 생가

프카의 집이니, 왠지 낭만적이다.

어느 도시를 가나 쑥쑥 솟아오른 마천루들을 대한다. 그 아찔함과 위용에 가슴이 답답해지기도 하는데 프라하는 예외다. 프라하의 오래된 건축물에서는 편안함과 따스함이 느껴진다. 무엇보다 1922년 유네스코 세계 문화 유산으로 지정된 구 시가지는 유럽의 건축 박물관으로도 불릴 만큼 고풍스럽다. 특히 구 시가지 관광의 중심인 프라하성Prazsky Hrad이 10세기 로마네스크 양식으로 지어진 것을 시작으로, 13세기 중엽에는 초기 고딕 양식이 덧

1. 체코의 민주화 성지인 구 시가지 광장
2. 고딕 양식의 틴 교회
3. 유럽 건축사의 결정체인 프라하 성
4. 고딕 양식의 성 비투스 대성당
5. 18세기 바로크 시대에 만들어진 카를교와 블타바 강. 카를교에는 많은 거리의 화가들이 있다.

붙여졌고, 14세기에는 보헤미아의 황금기를 구가하던 카를 4세에 의해 고딕 양식으로 지어진 왕궁과 성 비투스 대성당st. Vitus Cathedral 등이 건축되었다. 15세기 말 브라티슬라프 2세 때에는 후기 고딕 양식 요소가 다시 첨가되었고, 1562년 합스부르크 가문이 보헤미아를 지배하면서부터는 르네상스 양식이, 그리고 이후에는 바로크 양식까지 가미되었다. 그야말로 유럽 건축사의 흐름을 한눈에 파악할 수 있는 장소인 셈이다.

진정 프라하는 시간과 자유와 사랑의 숨결을 느낄 수 있는 곳이다. 유유히 흐르는 블타바Vltava 강을 바라보며, 지나간 시간의 아쉬움과 현재의 시간의 의미를 감사히 여길 줄 알게 하는 공간이며, 카를 교Karluv most의 낭만이 연인들의 사랑을 재촉하는 공간이다. 누군가는 말했던가? 프라하에서 가장 아름다운 예술 작품은 연인들이라고….

여전히 프라하의 여행자들은 발길을 멈추지 않을 것이다. 지나간 시간에 대한 그리움을 오래되고 낡은 벽과 빨간 지붕으로 기억하기 위해서라도, 자유로이 걷고 또 걸을 것이다.

정은혜 경희대·상명대 지리학과 강사

폴란드의 아우슈비츠, 아픈 기억 너머로 살아있는 자들의 목소리를 듣는 곳

다크 투어리즘Dark Tourism이란, 전쟁이나 학살 등 비극적 역사의 현장이나 엄청난 재난 및 재해가 일어난 현장을 돌아보며 교훈을 얻기 위해 떠나는 여행을 일컫는다. 이러한 다크 투어리즘의 대표적 장소인 폴란드 남부 비엘스코주(州)의 아우슈비츠auschwitz를 찾았다. 이곳에 도착하자, 차창 밖으로 녹슨 철길이 보이기 시작한다. 이 철길을 따라가니 붉은 벽돌의 건물들이 겹겹이 이어진 듯한 모습의 아우슈비츠 수용소가 모습을 나타낸다.

과히 유쾌하지 않은 묵직한 기분이 온몸을 감싼다. 여느 때와 달리 발걸음이 무겁다. 때마침 이 날은 비까지 추적추적 내리는 흐린 날씨였다. 슬프고 어두운 기운이 기분을 억누르는 느낌…. 아우슈비츠와의 첫 만남은 그랬다.

'ARBEIT MACHT FREI'라는 독일어 문구가 새겨진 수용소 철문으로 들어간다. 노동을 하면 자유로워진다니, 누구를 위한 노동이었는가를, 그리고 진정한 자유라는 것이 무엇인가를 묻게 되는 순간이었다. 붉은 벽돌 건물이 가로수 양 옆으로 줄지어 있는 풍경이 펼쳐지고, 그 풍경을 마주한 지 2분도 채 안 되어, 누군가가 정해 놓은 규칙이라도 있는 것처럼 사람들은 건물 안으

아우슈비츠 제 1 수용소 철문에는 'ARBEIT MACHT FREI(노동을 하면 자유로워진다)'라는 문구가 새겨져 있다.

로 들어간다. 수용소 내부는 하나의 거대한 박물관으로 사용되어, 당시의 참상을 알려 주는 중요한 장소로 활용되고 있었다.

수용소 내부에는 아우슈비츠로의 철길 이동 경로를 보여 주는 지도를 비롯하여, 각종 사진들과 물품들이 전시되어 있다. 장애인들의 의수족, 수감자들의 안경, 가방, 신발, 옷(아기들의 분홍빛 옷과 신발도), 심지어 수감자들의 머리카락에 이르기까지, 수용소 생활의 참상을 보여 줄 수 있는 각종 물품들이 놓여 있다.

그 당시 수용소로 오게 되면 유태인을 비롯한 수감자들은 그들이 가진 모든 것을 내놓아야 했는데, 특히 안경이나 의수족 등을 착용해야 하는 장애인이나 안경을 쓴 사람들은 곧바로 처형장으로 향해야 하는 경우가 많았다고 전해진다. 그 이유는 철이나 목재로 만들어진 안경이나 의수족 등은 전쟁을 위한 도구로 재활용될 수 있는 중요한 자원이었기 때문이다. 즉 독일 나치

1. 수용소 내부, 각 방들에 전시된 아기의 분홍빛 옷과 신발, 가죽가방, 장애인의 의수족, 안경, 머리카락, 그리고 신발 등

2. 수용자들의 사진이 수용소 내부 복도에 걸려 있어 하나의 추모공간을 형성한다.

1	2
3	4

1. 생체실험실 2. 즉결 처형 벽
3. 교수대 4. 공동 샤워장으로 위장한 가스실 내부

군은 인간의 가치보다도 철과 목재의 가치를 더 높게 두었다는 것이다. 참으로 인간의 가치가 한없이 보잘것없게 느껴지는 순간이었다.

같은 이유에서 가죽이나 고무로 된 가방이나 신발의 경우 역시 수용소에 수감되는 즉시 수거되었다. 전시된 가방에는 다비드의 별과 함께 그들의 이름과 주소가 적혀 있었는데, 언젠가는 이 가방을 되찾을 수 있을 거라 믿었던 그들의 마음을 엿볼 수 있었다.

아우슈비츠 수용소의 철책

이러한 전시품들이 놓인 방들을 지나면 기다란 복도를 걷게 되는데, 복도 양 옆으로는 아우슈비츠 수용소에 수감되어 목숨을 잃은 사람들의 사진이 쭉 걸려 있다. 그들의 살아남은 친척이나 자손들이 사진 앞에서 기도를 드리거나 꽃을 달아 놓는 모습을 종종 볼 수 있는 신성한 공간이기도 하다.

내부의 지하에는 아우슈비츠의 성자라고 불리는 막시밀리안 콜베 신부가 아사餓死를 당한 감옥 외에도 각종 형벌이 행해지던 공간들이 남아 있다. 이곳의 수감자들은 말했다고 한다. "신은 존재하기는 하지만 인간이 도달할 수 없는 하늘 저쪽에 있다"고, "신의 은총이란 게 있긴 있는 모양이지만 그건 인간을 변화시킬 수 없다"고….

어두컴컴한 지하를 나왔다. 건물 밖도 이 잔인하고 지독한 형벌의 연속이었다. 전형적인 절망의 경관으로서 생체 실험을 자행하던 건물, 즉결 처형벽, 교수대, 그리고 가스실에 이르기까지…. 살아남은 자들의 아픈 기억을 생생하게 되짚어 볼 수 있는 공간이 그대로 보존되어 있었다.

특히나 가스실은 입구에서부터 숨이 턱 막혀 왔다. 비가 와서 더 심했는지는 몰라도, 가스실 내부는 형언할 수 없을 만큼의 탁한 공기와 딱히 뭐

수용소의 붉은 벽돌 건물과 나무들

라 집어낼 수 없는 미묘한 악취가 풍겨 나오고 있었다. 몇몇 사람들은 들어서자마자 기침을 하기도 했다. 아직까지도 남아 있는 검은 그을음으로 가득 찬 가스실 내부에는 시체를 빨리 처리하기 위한 소각장까지 마련되어 있었다.

세계 제 2차 세계대전 동안 독일 나치스가 학살한 유태인의 수는 무려 600만 명에 이른다. 당시 유태인이 1600만 명이라는 사실과 비교할 때, 얼마나 많은 사람들이 목숨을 잃었는지 가늠할 수 있다. 특히 약 400만 명의 유태인을 가스, 총살, 고문, 질병, 굶주림, 심지어는 인체실험 등으로 학살한 곳이 아우슈비츠였다니!

분명 이곳은 우리의 인간성이 얼마나 연약한 것인지, 이 인간성이야말로 인간의 생명보다 더 위태롭다는 것을 깨닫게 해 주는 끔찍한 역사의 현장이었다.

고통의 기억이 공기처럼 흘러다니는 이곳 아우슈비츠….

수용소를 나오면서 저 붉은 벽돌의 건물들과 나무들을 다시금 눈에 새겼다. 무엇보다 그 당시의 참상을 묵묵히 바라봐야만 했던 저 나무들을 보면서, 새삼 그 고통의 기억을, 그 기억의 가치를, 그 가치의 무게를 느낄 수 있었다.

정은혜 경희대·상명대 지리학과 강사

중세 목조 건물로 스토크가 있는 독특한 지붕의 형태

스위스의 루체른, 가장 스위스적인 역사 도시

스위스 하면 알프스 소녀 하이디와 달콤한 초콜릿, 그리고 웅장한 알프스 사면에 펼쳐진 평화로운 목장을 연상하게 된다. 실제로 지구상의 많은 사람들이 스위스를 자신이 그리는 이상향이라고 생각하며, 방문하고 싶은 곳, 가서 살고 싶은 곳으로 생각하는 경향이 있다. 그러나 스위스는 열악한 지리적 조건에서 장구한 세월 동안 삶을 위한 치열한 투쟁을 통해 오늘을 이룩했다는 점에서 결코 겉으로 보이는 아름다움이 전부가 아닌 나라이다.

스위스와 한국을 비교하면 두 나라 모두 자연 자원이 부족하여 의지할 것은 오직 인적 자원뿐이라는 점에서 공통점이 있으며, 오늘날 세계화 시대를 맞이해서 전통과 지역성을 살리는 한편 세계화의 흐름에도 순응해야 하는 과제를 안고 있다. 또한 스위스는 우리나라와 마찬가지로 합스부르크가를 비롯한 외세와 투쟁하며 중립주의, 연방국가, 직접 민주주의 제도 시행 등 자신만의 탄탄한 공동체를 건설하는 과정에서 많은 역경이 있었다.

이러한 특성은 어떤 점에서 폐쇄적인 지역주의를 만들 수 있으나, 스위스 사람들은 세계 속에서 살아가는 방식을 터득하였다. 실제로 스위스는 로렉스, 오메가 등 고급시계를 비롯해서 네슬레 같은 식품, 보쉬 등의 잘 알려진 의약품 등을 제조하는 유명 브랜드와 거대한 다국적 기업을 수없이 거느린 로컬리즘과 글로벌리즘이 적절히 혼합된 강국이다. 이렇게 발전하는 데에는 유럽 중앙에 위치하여 동서, 남북 유럽의 다양한 사람들과 그들이 소유한 문화가 교차될 수 있었던 지리적 특징을 활용한 측면도 있다.

스위스는 18세기에 들어와서 비로소 그림 같은 아름다움과 로맨틱한 경관으로 관광객의 시선을 끌기 시작했다. 관광객들의 스위스에 대한 전형적 이미지는 완만한 마차여행이나 영구 빙설이 덮인 산악을 여유롭게 트래킹을 하며 사는 서둘지 않는 스위스인의 태도와, 꽃으로 장식된 목장과 가옥, 자연 호수, 울창한 숲, 바위, 절벽과 계곡 등이 서로 조화를 이루고 있는 단아한 풍경이다.

실제로 이 나라는 어디를 가서 사진을 찍든 그림 엽서처럼 예쁘게 나오고, 아기자기하면서도 아이디어가 번득이는 디자인으로 가득 차 있다. 우리나라에서도 2002년 열린 월드컵대회를 계기로 국제축구연맹(FIFA)이 이곳 취리히에 있다는 것도 많이 알려졌다. 이 기관이 거창한 고급 고층 건물을 차지하고 있다고 생각하면 오해다. 서울 평창동 언덕의 정원이 있는 고급 주택과 유사한 건물이다. 이것은 스위스에는 인간을 압도하는 거대함은 별로 없다는 사실을 알려 주는 한 예에 불과하다. 이러한 방식으로 이 조그만 나라의 조그만 도시 어디를 가나 권위 있는 국제 기구가 산재하고 있다.

이제부터 소개하려는 도시 루체른Lucerne(Luzern)도 스위스의 모든 도시와 마찬가지이다. 이곳이 제일 볼 것이 많은 도시라는 것도 아니고, 가장 아름답다는 것도 아니다. 스위스 하면 떠오르는 스위스적인 특징을 간직한 한 도시에 불과하다. 이 도시도 다른 도시처럼 호수와 산으로 둘러싸여 자연의 장엄함, 자연과 인간의 순응과 대결, 다채로운 역사의 흐름, 인간의 심미적 취향 등이 고스란히 드러나는 도시이다.

유명한 유럽의 소설가 알렉산더 뒤마는 루체른을 스위스의 지리적 심장이라고 하는 한편 "세계에서 가장 아름다운 굴에 붙어 있는 진주a pearl in the world's most beautiful oyster"라는 시적인 찬사를 보냈다. 이 도시는 중세 도시이면서도 현대 도시로서의 매력을 간직한 요술 같은 도시이다. 이 도시를 감싸고 있는 장대한 루체른 호수Vierwaldstättersee(4개 주로 둘러싸여 있는 호수라는 뜻)는 빙하에 의해 만들어진 호수로 알프스의 장관을 한쪽에 끼고 있어 이 진주를 더 황홀한 것으로 만든다. 중세 루체른은 루체른 호반의 보잘 것 없는 어촌이었으나 생고타르 고개가 열린 후 무역 거점으로 중요한 중심지가 되었다. 즉 수로로 운반되어 온 재화를 육상으로 운반하는 적환지로 도시가 성장하게 된 것이다.

이 도시가 세워진 것은 1178년이다. 이곳은 원래 성 레오데가르의 소유였다. 그는 8세기 베네딕트 수도원을 건설한 사람으로 산과 호수로 에워싸인 루체른을 기독교의 전파를 위한 전초기지로 개척했다. 당시만 하더라도 이곳

1600년대 독일의 르네상스 스타일의 이 도시 수호 성인에게 헌정한 성당(멀리 두 개의 첨탑이 보이는 건물)

에 도달하는 것은 어려웠고, 적대적인 곳이었다. 이 도시는 종교 개혁 이후 뿌리 깊은 신교 국가가 된 스위스를 다시 로마 정교 전파의 전진 기지로 삼아 반종교개혁 운동이 전개되었던 곳이다. 아직도 여러 개의 성당이 남아 있는 것은 그 때문이다.

이 도시는 오늘날의 풍요롭고 아름다운 모습과 달리 척박한 자연 환경으로 인한 빈곤 문제 해결을 위해 수많은 청년을 다른 나라의 용병으로 보낼 수밖에 없었던 슬픈 역사가 있다. 이웃의 교황과 황제를 위해서 싸울 용병을 처음으로 파견한 항구가 바로 여기였다. 프랑스 혁명 때 파리의 튀일리 궁정Tuileries Palace에서 루이 16세를 수호하다 죽은 수백 명의 스위스 용병의 위령비로 유명한 '빈사의 사자The Lion Monument(Löwendenkmal)' 상이 이곳에 있다.

루체른의 면적은 약 24만 km^2이고, 인구는 약 5만 8천명으로 인구 밀도가 $1km^2$에 약 2400명 정도에 불과한 전원적인 소도시이다. 이 도시는 중세부

1. 스위스의 아이콘으로 상징되는 목조의 예배당 다리(Chapel Bridge, Kapellbrücke)

2. 박공 지붕의 천정을 성경 이야기가 담긴 그림으로 장식한 예배당 다리

터 지어 온 목조 건물들이 중심가를 차지하고 있다. 이 건물들은 지붕에 스토크(stork: 황새가 앉아 있는 모습에서 따온 건축 용어로 지붕에 작은 지붕이 있는 창이 달려 있음)가 있는 독특한 양식이다.

보석같이 아름다운 루체른 호수와 함께 도시 곳곳에 있는 르네상스와 바로크식 분수, 화려한 색깔로 칠한 박공 지붕과 박공 창, 목조로 된 예배당 다리Chapel Bridge(Kapellbrücke)와 그곳을 장식하고 있는 아름다운 꽃들은 보는 이로 하여금 눈을 떼지 못하게 만든다.

오래된 시청은 르네상스 건물이고, 성곽이 그대로 보존되어 있으며, 거리를 따라 걸으면 대규모 교통 박물관이 있어 선박의 엔진을 비롯한 유럽 교통의 발달 과정을 전시하고 있다. 또한 세계에서 가장 경사가 심한 최초의 톱니바퀴식 철도Abt-system railway가 부설되어 있는 해발 2010m의 필라투스Mt. Pilatus 산이 있다. 이것을 타 보는 것은 매우 흥분될 뿐만 아니라, 빙하에 의해서 만들어진 중부 스위스 지역의 아름다운 풍경을 감상할 수 있다. 또한 호수가의 옛 양조장들은 오늘날 몽환을 불러일으키는 카페와 맥주 집, 고급 음식점으로 개조되어 사용되는데 관광객의 미각과 시각을 동시에 사로잡는다.

루체른에는 빛을 가진 천사가 최초의 정착자에게 나타나 교회를 건설할 곳을 알려 주었다는 전설이 있다. 기독교인이 아니어도 이 도시를 본 사람들은 하늘이 점지해준 도시라고 믿고 싶을 정도로 아름다운 곳이다.

이은숙 상명대 지리학과 명예교수

바위 절벽 복에서 내려다본 알제트 계곡

룩셈부르크, 작지만 강한 성채 도시

룩셈부르크Luxembourg는 우리나라 사람들에게는 다소 생소한 나라이다. 하지만 베네룩스Benelux 3국은 익히 들었던 용어일 것이다. 유럽의 작은 나라인 벨기에·네덜란드·룩셈부르크의 3국 정부가 관세 동맹을 맺으면서 불리게 된 이름이다. 우리는 베네룩스라고 하면 해수면보다 낮은 국가를 연상한다. 그러나 저지대의 벨기에·네덜란드와 달리 룩셈부르크는 아르덴Ardenne 고원상에 위치하므로 평균 고도가 400~500m에 달한다. 유럽의 중앙부에 자리잡고 있는 룩셈부르크는 입헌 군주국으로 정식 명칭은 룩셈부르크 대공국Grand Duchy of Luxembourg이다. 룩셈부르크는 세계지도에서 보면 잘 보이지도 않는 2,586km^{2}의 면적에 511,840명(2011)이 거주하는 작은 나라이다. 공용어는 프랑스어, 독일어, 룩셈부르크어이며, 업무용으로 영어까지 사용하는 다언어 국가이다. 룩셈부르크는 '작지만 강한 나라', '세계에서 가장 잘 사는 나라', '유럽의 푸른 심장', '유럽의 골동품' 등의 별명을 가지고 있다. 그 배경을 보면, 먼저 1인당 국민 소득($108,832, 2010년 기준)이 세계에서 가장 높은 나라이다. 농업 중심 국가에서 유럽 철강 산업의 중심국으로 전환하면서 성장하기 시작하여, 2009년 현재 147개의 은행 등 500여 개의 금융 관련 기관이 입지하는 유럽 금융의 중심지로 자리매김하고 있다. 그뿐 아니라 유럽 사법 재판소, 유럽 의회 사무국, 유럽 회계 감사원, 유럽 투자 은행 등이 위치하고 있는 유럽 연합의 중심지이다. 이러한 유럽 핵심부로서의 인연은 유럽 공동체의 모태인 유럽 석탄철강공동체가 여기서 창설되었으며, 그 제안자인 프랑스 외상

룩셈부르크 시 약도

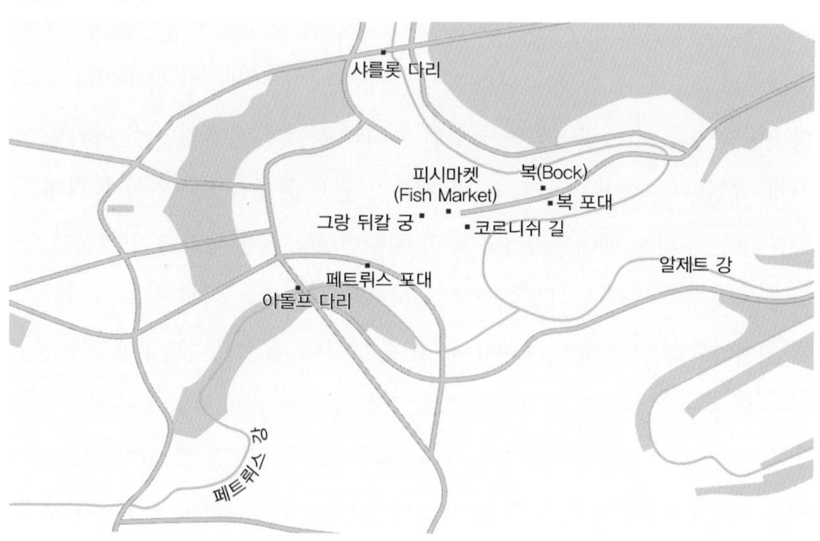

1	2

1, 2. 복 갑(Bock 岬)과 페트뤼스 포대 : 복은 알제트 강이 형성해 놓은 300여 미터의 사암 절벽으로, 알제트 계곡이 3면을 감싸고 있는 천연 요새지이다. 963년에 아르덴느의 지그프리트 백작이 룩셈부르크의 모태가 되는 뤼실랭뷔루익('작은 성채'라는 뜻)을 복 위에 세운 이래, 400여 년간(1443~1839) 파괴와 재건설을 반복한다. 그 결과 복을 중심으로 페트뤼스 계곡에 이르는 지하 포대까지 갖춘 거대한 성채로 확장되어 룩셈부르크 시는 북부의 지브롤터'라 불리는 난공불락의 성채 도시로 발달한다.

로베르 슈망Robert Schuman의 출생지라는 점에서 찾을 수 있다. 유럽의 심장부라는 중앙적 위치로 인해 룩셈부르크는 각국의 각축장이 되기도 한다. 그러나 이러한 지정학적 특성은 다양한 문화와 역사의 층이 조화롭게 쌓이고, 그것들을 수용할 수 있는 지혜를 길러내는 계기로 작용하였다. 세계 최고 부자의 나라임에도 불구하고 룩셈부르크에서는 2003년이 되어서야 최초의 대학이 설립된다. 이는 주변 다른 나라와의 관계가 얼마나 개방적인가를 보여 주는 단면이기도 하다. 한편, 국토의 1/3이 산림 지대인 룩셈부르크는 최근에 세계적 이슈가 되고 있는 생태적이면서도 아름다운 자연 경관까지 갖추고 있

1. 룩셈부르크 작가 베티 웨버(Batty Weber)가 유럽에서 가장 아름다운 발코니라고 극찬한 코르니슈. 알제트 계곡 성벽을 따라 열 지어 있는 고풍스런 가옥들이 주변 경관과 환상적인 조화를 이룬다.
2. 알제트 강 제방을 따라 발달한 저지대의 그림 같은 가옥들. 중세 당시에는 수공예품 생산에 필요한 물을 쉽게 얻을 수 있었기에 주로 숙련공들이 거주하였다.

다. 이와 같이 룩셈부르크는 개방적이고 국제적인 분위기와 함께 독특한 역사·문화를 깊고 고요한 자연 속에 간직하고 있는 매력적인 곳이다. 이 나라는 지역성에 따라 다섯 지역으로 구분할 수 있다. 첫째로 수도인 룩셈부르크 시가 포함되는 중앙부(굿랜드 지방Heart of the Good Land), 둘째로 광물 자원이 풍부한 남부(레드락 지방The land of the Red Rocks), 셋째로 모젤Moselle 강을 중심으로 하는 포도 재배지 남동부(모젤 지방The Moselle), 넷째로 '작은 스위스'라 불리는 아름다운 풍광의 북동부(뮐레르탈 지방Mullerthal), 그리고 숲·고원·계곡·고성 등 자연과 역사가 어우러진 북부(아르덴느 지방The Ardennes)의 각 지역이 조화롭게 매력을 발산하고 있다.

이제 룩셈부르크의 수도를 엿보기로 하자. 이 나라의 수도는 국가 이름과 같기 때문에 룩셈부르크 시Ville de Luxembourg라고 구분하여 칭한다. 도심부는 크게 S형을 그리며 흐르는 알제트Alzeette 강(모젤 강의 지류)과 그 지류 페트뤼스Pétrusse 강에 의해 구 시가지와 신 시가지로 구분된다. 페트뤼스 강은 룩셈부르크 시의 서부에서 동부로 S자를 그리며 알제트 강으로 흘러든다. 따라서 북서쪽의 구 시가지와 중앙역이 있는 신 시가지를 갈라놓게 된다. 알제트 강은 구 시가지 한가운데서 페트뤼스 강의 수량까지 합하며 시의 남부에서 북부로 S자를 그리며 흐른다. 알제트 강은 좁고 깊은 계곡을 이루며 복Bock이라 불리는 300여 미터의 사암 절벽을 형성한다. 알제트 계곡이 3면을 감싸고 있어서 서쪽에서만 접근이 가능한 복은 천연 요새지이다. 이 탁월한 전략적 위치를 꿰뚫어 본 것은 로마인들이었다. 로마인들은 2개의 도로가 교차하는 지금의 피시마켓Fish Market 근처에 감시 및 전망을 위한 탑을 세웠다(4세기). 963년에는 아르덴느의 지그프리트 백작이 룩셈부르크의 모태가 되는 뤼실랭뷔루익Lucilinburhuc('작은 성채'라는 뜻)을 복 위에 세운다. 요새지라고는 하지만 유럽의 중앙부에 해당되는 지리적 위치 때문에, 400여 년간(1443~1839) 이곳은 스페인·프랑스·오스트리아·프로이센 등 각국의 각축장이 되었다. 파괴와 재건설을 반복한 결과, 복을 중심으로 둥근 성벽과 탑문, 탑 모양의 작은 성채, 지하 통로, 보루, 요새 등을 갖춘 거대한 성채로 확장된다. 특히 프랑스의 요새 건축가 보방Vauban이 방어 기능을 강화시키면서 이곳은 '북부의 지브롤터'라 불리는 난공불락의 성채 도시로 발달하기에 이른다. 1994년에는 뤼실랭뷔루익 유적, 구 도시, 포대, 폐허 요새 등이 중세 요새 도시로서의 전략적 가치를 인정받아 유네스코 세계문화유산으로 등재되었으며, 1995년 유럽 연합은 이 도시 전체를 유럽 문화 수도로 지정하였다.

신, 구 시가지를 잇기 위해 깊은 계곡 위에 걸쳐진 장대하고 아름다운 자태의 명품 다리들은 주변 경관과 어우러져 관광 명소가 되고 있다. 페트뤼스 계곡 위의 아돌프 다리Pont Adolphe는 중앙역과 유럽 투자 은행 등이 입지하는 신 시가지를 구 시가지와 연결한다. 건설 당시(1903)에는 세계에서 가장 큰 석조 아치형 다리로 이 도시의 상징적인 존재이다. 1960년에 건설된 구 시가지와 유럽 공동체 지구를 연결하는 빨강색의 거대한 샤를롯 다리Pont Grande Duchesse Charlotte는 고풍스런 도시 이미지와는 동떨어진 색다른 랜드마크이다. 아름다운 경관에 도취하여 다리 아래로 몸을 던지는 사람들 때문에 다리 난간은 유리로 막아 놓았다. 신 시가지에는 키르츠베르크Kirchberg plateau를 중심으로 유럽연합기관들과 금융기관들이 입지하고 있어서 현대화된 유럽의 축소판을 느낄 수 있다. 이에 반해 구 시가지에서는 로마 시대의 감시·전망탑을 비롯해 다양한 시간과 나라별 문화와 역사의 흔적을 자연 경관과 함께 즐길 수 있다. 룩셈부르크 시의 가장 오래된 곳은 그랑 뒤칼 궁Grand Ducal Palace의 앞마당에 해당되는 피시마켓이다. 구 시가지의 역사적 핵에 해당되는 피시마켓은 치즈마켓이라고도 하는데, 최초의 시장 자리로서 당시 주민들은 생활의 주요 활동을 이 주변에서 수행하였다.

그랑 뒤칼 궁은 대공작의 도시 저택인데 원래가 시청 건물이다. 시청이 1554년 화약 폭발로 파괴되자 1574년 르네상스 양식으로 재건축한다. 1890년부터 시청의 본관 건물을 궁으로 사용하고 있는데, 1992년에서 1995년에 걸쳐 전면적으로 복원된다. 그랑 뒤칼 궁은 화려하지는 않지만 룩셈부르크의 역사적, 정신적 상징이라 할 수 있다.

알제트 계곡의 높은 절벽을 이용해 쌓은 성 벽면을 따라가다 보면, 유럽에서 가장 아름다운 발코니를 발견할 수 있다(코르니쉬 길Chemin de la Corniche). 성벽을 따라 높이를 달리하며 열 지어 있는 고풍스런 가옥들이 주변 경관과 환상적인 조화를 이룬다. 알제트 강 제방을 따라 발달한 저지대의 그림 같은 가옥들도 눈길을 사로잡는다. 중세 당시, 수공예품 생산에 필요한 물을 쉽게 얻을 수 있었기에 숙련공들이 거주하던 곳이다.

룩셈부르크 시의 또 다른 볼거리는 깊은 알제트 계곡이 3면을 감싸고 있는 바위 절벽 복이다. 복 절벽 위에 세운 성채는 룩셈부르크의 발상지이자 도시 이미지의 상징물이다. 바위 안쪽에는 깊이 40m, 길이 23km에 달하는 지하 방어 회랑을 갖춘 복 포대가 있다. 이 지하 요새는 스페인 지배 시기인 1644년에 처음 건설을 시작하여, 40년 후에 프랑스인 보방, 그리고 18세기에 오스트리아인들에 의해 23km의 회랑으로 완성된다. 1867년 요새 해체 후 17km만이 보존되고 있다. 이는 각각 다른 높이의 회랑에 수천 명의 병사와 말들이 은신할 수 있도록 구축된 대규모 지하 방어 포대Bock-Casemates, Petrusse-Casemates이다. 이토록 인상적인 방어 기능 때문에 룩셈부르크는 북부의 지브롤터라는 별칭을 얻었던 것이다.

룩셈부르크는 물리적 크기로 보면 보잘것없다. 그러나 유럽 공동체의 모태로서 유럽 통합, 지리, 경제, 문화, 역사, 자연 등 다양한 측면에서 큰 자리를 차지한다. 외부의 침입이 계속되는 중에도 유럽의 양대 세력인 게르만과 라틴의 두 문화를 조화롭게 받아들이는 지혜가 돋보이는 나라, 나아가 자신들만의 고유한 색깔의 문화를 가꾸어 낸, 진정한 세계 최고 부자들의 나라. 자연과 문화, 그리고 개방적인 품성이 깊고 조용한 주민의 삶 가운데 묻어나는 룩셈부르크. 꼭 한 번 시간내어 가 볼 만한 곳이다.

전경숙 전남대 지리교육과 교수

루마니아의 브라쇼브, 드라큘라 백작의 무대가 된 브란 성을 가다

루마니아 수도인 부쿠레스티에서 기차로 3시간 정도 북쪽으로 올라가면 브라쇼브Brashov라는 도시가 나온다. 브라쇼브는 트란실바니아 지방의 중요 도시로서 옛날부터 루마니아의 남쪽 지역과 북쪽 지역의 교류 거점 도시여서 상업과 무역이 발달하였다.

부쿠레스티에서 기차를 타고 브라쇼브 역에 도착하였을 때, 어떤 남자가 다가와 날더러 일본 사람이냐고 묻길래 아니라고 했더니 그럼 한국 사람이냐고 되물어 오는 것이었다. 그렇다고 하니까 그는 가지고 있던 노트를 보여 주었다. 그 노트에는 한국에서 배낭 여행을 왔다는 대학생이 쓴 글이 들어 있었는데, 이 사람한테 가이드를 맡기면 교통비도 절감하고 짧은 시간에 많은 것을 볼 수 있다는 것이었다. 내가 세계를 여행하면서 이런 식으로 호객 행위를 하는 사람은 처음 보았는데, 상당히 설득력이 있으면서 또한 믿음도 갔다. 그래서 그 사람한테 하루 동안 브라쇼브 지역의 가이드를 맡겼다.

맨 처음 우리가 간 곳은 드라큘라 성으로 유명한 브란 성Bran Castle이었다. 브란 성은 루마니아 중부 지방의 도시 가운데 하나인 브라쇼브에서 남서쪽으로 32km 떨어진 마을인 브란에 있다. 브란 성으로 들어가려고 하는데

흑색 교회

역에서 보니 화창하던 날씨가 갑자기 검은 먹구름을 드리우면서 성을 에워싸서 더욱더 음침하고 무시무시한 느낌이 들었다.

브란 성은 중세 시대의 전형적인 건축 양식으로 1377년 브라쇼브의 상인들에 의해 지어졌다. 돌로 지어져 성이라기보다는 요새처럼 느껴진다. 내부는 작고 볼품이 없으며, 어둡고 음산하다. 브란 성은 1377년 중세 시대에 세워져 일명 '드라큘라 성'으로 유명하다. 실제로 그가 이곳에 머문 적은 한번도 없다. 그럼에도 불구하고 이와 같은 이름으로 유명하게 된 것은 절벽 위에 음산하게 우뚝 서 있는 성 분위기가 소설 속 드라큘라 백작과 닮았기 때문

브라쇼브 전경

이다. 드라큘라는 실존 인물로 루마니아를 다스렸던 블라드 쩌뻬쉬 3세Vlad Tepeş Ⅲ의 또 다른 이름이다. 많은 사람들이 드라큘라에 담긴 의미를 흡혈귀로 알고 있겠지만 실제로는 '용의 아들'이란 멋진 의미를 담고 있다. 브란 성은 특별한 전시품 하나 없이 볼거리 없는 초라하고 작은 성이지만 드라큘라 성으로 알려지면서 호기심 많은 여행객들의 발길이 끊이지 않는 루마니아 최고의 관광 명소이다.

이곳의 주인인 블라드 쩌뻬쉬 3세는 루마니아 역사상 오스만투르크군과 용감하게 싸운 전쟁 영웅이자 성군으로 용의 아들이란 의미의 드라큘라

Dracula였다. 그는 적의 포로나 범법자에게 잔인한 처형 방법을 썼는데, 일례로 살아 있는 사람에게 뾰족하게 깎은 장대를 항문에서 입으로, 귀에서 귀로 관통시켰으며, 못 박힌 큰 바퀴를 산 사람 위로 지나가게 해 온몸에 구멍을 내는 등 상상조차 하기 힘든 잔인한 방법을 서슴지 않았다고 한다. 당시 그의 잔인함은 루마니아뿐만 아니라 유럽 전역에 퍼지게 되었고 마침내 이것이 세계적인 소설 소재로 등장하여 드라큘라가 탄생하게 된 것이다. 드라큘라 백작은 1427년에 태어나 1476년 오스만투르크와의 전투에 참여하였다가 전사하였다고 한다. 현재 그의 무덤은 부쿠레슈티 인근 스나고브 지역의 한 수도원에 모셔져 있다고 한다.

성운용 성신여대 지리학과 강사

프랑스의 안시, 꼭 한번 권하고 싶은 프랑스 속의 베니스

일반적으로 운하 하면 대부분의 사람들은 베니스를 떠올린다. 하지만 유럽의 곳곳에 작고 아름다운 운하가 있다. 유럽에서 살기도 하고 여행을 많이 다녀본 내가 추천하는 곳은 프랑스의 베니스 안시Annecy 시이다.

만약 짧은 시간동안 유럽 여러 나라의 특징을 함께 보고 싶은 사람이 있다면 이 안시 시는 꼭 한번 추천하고 싶다. 안시는 프랑스에 속해 있지만 실제로는 스위스, 프랑스와 이태리 삼국에 근접해 있어서 세 나라의 특징을 함께 볼 수 있는 곳이다. 프랑스의 아기자기함, 이태리의 베니스보다 작고 예쁜 운하, 그리고 멀리 보이는 프랑스의 몽블랑 산의 전경까지 한꺼번에 갖춘 안시는 유럽에서 볼 수 있는 가장 예쁜 모습을 가진 도시이다.

도시 곳곳에 있는 작은 성당들과 운하를 끼고 있는 작은 레스토랑 등이 인상적이다. 이곳은 프랑스라서 음식 맛도 아주 훌륭하다. 안시의 운하는 스위스가 가까워 물이 아주 깨끗하고 차다. 맑은 물이 흐르는 운하를 따라서 벼룩시장이 서는데 여기서 여러 나라 물건을 구경하는 재미도 쏠쏠하다.

게다가 안시는 유럽에서 유명한 휴양지이기 때문에 작은 도시 규모에도

1 2 1. 안시의 작고 예쁜 건물들과 운하 2. 안시 운하 너머로 보이는 몽블랑

불구하고 고급 쇼핑가가 있어서 구경만으로도 행복할 수 있는 곳이다.

안시는 주요 철도역이어서 철도 이용객도 쉽게 이용할 수 있고, 이태리와 스위스로 가는 주요 고속도로에 근접하고 있어 렌트카를 이용한 여행에도 적절하다.

안시는 작은 도시임에도 불구하고 숙박 시설이 많다. 안시는 철도역 지하에 영화관, 슈퍼, 의류 전문점 등이 있는 대규모의 쇼핑몰이 형성되어 있어 저녁에도 여행자들이 여러 가지 활동을 할 수 있다.

조혜진 한국건설기술연구원 연구위원

레그니츠 강변의 구시청사

독일의 밤베르크, 마인-도나우 운하의 출발지

우리나라에서 한창 대운하에 대한 찬반 논란이 있었을 당시 그 모델이 되었던 것이 독일의 마인-도나우 운하Main-Donau Kanal이다. 총 25,000km에 달하는 유럽의 내륙 수로 중 약 30%에 해당하는 7,300km가 독일의 수로이며 그 중에서도 동맥 역할을 하는 라인 강은 네덜란드 로테르담에서 스위스 바젤까지 약 1,000km를 운항할 수 있는 하천이다. 마인 강은 이 라인 강의 지류로 밤베르크Bamberg 근처에서 발원하여 프랑크푸르트를 통과하여 마인츠에서 라인 강과 합류한다. 그리고 도나우 강은 독일 남부에서 발원하여 켈하임, 레겐스부르크를 지나 오스트리아로 흘러간다. 이미 793년에 카를 대제가 마인

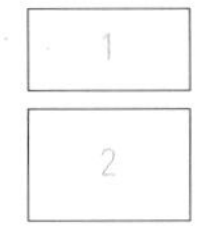

1. 밤베르크 갑문과 운하 양편의 자전거 길

2. 뉘른베르크 갑문

강과 도나우 강을 연결하는 운하를 계획했으나 그 당시의 기술로는 도저히 물 높이의 차를 극복하지 못해 완공을 하지 못했다. 그 후 바이에른 왕국의 루드비히 1세 때인 1845년에 10년간의 공사 끝에 갑문 101개, 길이 177km의 루드비히-마인-도나우 운하가 완성된다. 그러나 이 운하도 곧이어 101개 갑문을 통과하는 시간이 너무 오래 걸리고 선박의 크기가 제한을 받는다는 결정적 단점 때문에 운하로서의 기능을 제대로 수행하기 어렵게 되었다.

지금의 마인-도나우 운하는 그 후 1960년에 다시 공사를 시작하여 1992년에 완공된 마인 강의 밤베르크와 도나우 강의 켈하임Kelheim을 연결하는 길이 171km의 운하이다. 이 운하가 완공되면서 선박은 북해 로테르담에서 라인 강을 따라 운항하여 마인츠에서 마인 강으로 접어들고 다시 밤베르크에서 마인-도나우 운하를 거쳐 켈하임에서 도나우 강으로 들어가게 된다. 마인-도나우 운하는 해발 고도 231m의 밤베르크에서 시작하여 해발 고도 406m로 가장 높은 곳에 위치한 힐폴트슈타인Hilpoltstein을 지나 높이 338m의 켈하임에 이르게 되며, 밤베르크에서 힐폴트슈타인까지의 높이차 175m와 힐폴트슈타인에서 켈하임까지의 고도차 68m는 각각 11개와 5개의 갑문을 통해 극복한다. 갑문은 폭이 12m, 길이가 190m로 고정되어 있고 운하용 선박은 폭 11.4m, 길이 185m, 중량 3,300 톤을 초과하지 못한다. 운하의 평균 수심은 4m이고 폭은 가장 넓은 곳이 55m이며 운하의 마모를 막기 위해 운항 속도는 최대 시속 11km로 제한되어 있다. 갑문에서 물이 채워지는 속도는 분당 1.7m로 한 갑문당 평균 15분 정도가 소요된다. 따라서 길이 171km의 마인-도나우 운하를 통과하기 위해서는 총 23시간 정도가 필요한 셈이다.

운하 전체를 시민의 여가 공간으로 이용할 수 있도록 운하로 사용되는 부분에만 콘크리트를 사용하고 가능하면 많은 부분을 자연 그대로 가꾸려 했으며 전체 공사비의 20%정도를 생태계 보전을 위한 시설비로 지출했다고 한다. 운하 양편으로는 자전거 길과 산책길이 조성되어 있고 갑문을 비롯한 모든 시설이 녹색 속에 감추어져 있어 멀리서 보면 운하가 거의 드러나지 않는다.

모든 갑문들은 중앙 제어실에서 원격 통제되고 접근성도 떨어진다. 밤베르크와 뉘른베르크에서 어렵사리 갑문을 찾아갔으나 마침 통과하는 배가

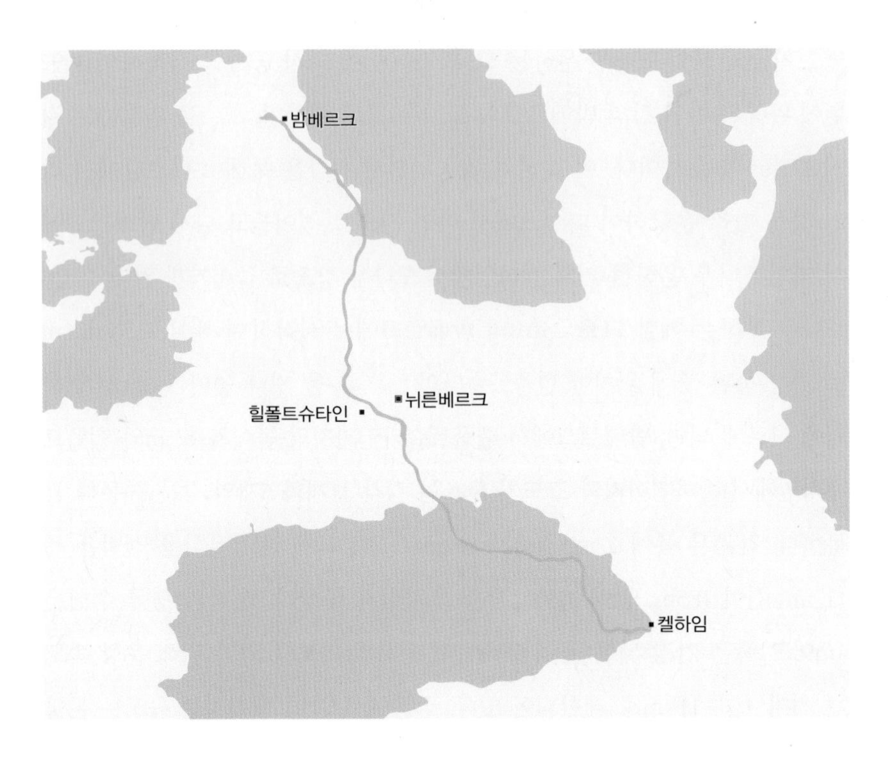

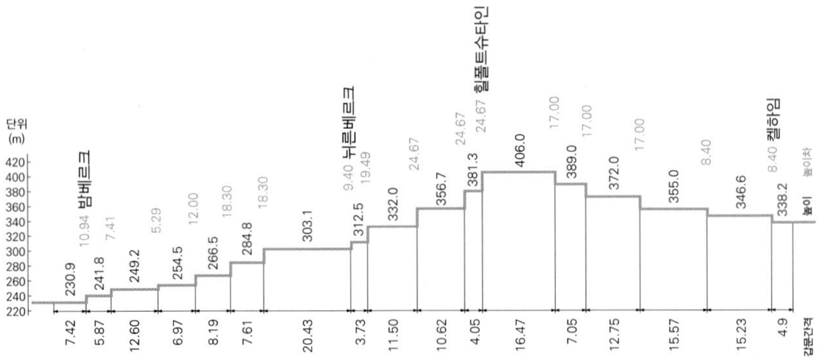

마인-도나우 운하

리바이스의 창업자 레비 스트라우스의 생가

없어 아쉽게도 갑문 처리 작업은 볼 수가 없었다. 각 갑문에는 물 절약 탱크가 있어 사용된 물의 60%를 재활용하며 마인 강의 수량이 부족해 도나우 강의 물을 펌프로 퍼 올려 마인강으로 보낸다고 한다.

마인-도나우 운하의 출발점인 밤베르크는 일반에게 잘 알려져 있지는 않지만 1,000년의 역사를 지닌 중세의 향기가 가득한 도시이다. 2차 대전의 전화를 피할 수 있어 1994년에 구시가 전체가 유네스코 세계 문화 유산에 등록되었다. 시 중앙을 흐르는 레그니츠 강은 두 갈래로 갈리어 오른쪽 지류는 마인-도나우 운하로 사용되고 왼쪽 지류 옆으로는 시청사와 '작은 베니스'라 불리는 어부의 집들이 늘어서 있다. 여기서 마인-도나우 운하의 일부 구간을 왕복하는 유람선도 탑승할 수 있다고 하는데 10월에 방문해서 그런지 선착

훈제 맥주

장은 한산했다. 여름에도 마인-도나우 운하의 유람선은 주로 도나우 강변의 켈하임을 중심으로 운항된다고 한다.

밤베르크는 훈제 맥주Rauchbier라는 독특한 맥주로도 그 유명세를 떨치고 있다. 이 맥주는 밤베르크 특산물로 색은 투명한 다갈색이고 이름대로 참나무로 그을린 향이 난다. 시내 곳곳에 양조장이 산재해 있으며 처음 맛보는 이에게는 생소하지만 이 맥주 맛에 병을 고치는 사람도 있다고 한다.

또 한 가지 밤베르크에서 특기할 만한 명소는 세계적인 청바지 회사 리바이스의 창업자인 레비 슈트라우스의 생가로 그는 밤베르크 부근 부텐하임에서 태어나 그 곳에서 청소년기를 보냈다. 그의 생가는 1687년에 건축된 그 도시에서 가장 오래된 집 중의 하나로 보수작업을 거쳐 2000년에 리바이스 청바지 박물관으로 재탄생했다. 전형적인 중세도시와 현대 미국문명의 상징 청바지와의 절묘한 조화가 인상적이다.

김부성 고려대 지리교육과 교수

스페인 세비야의 가로수는 오렌지 나무

스페인의 남부 안달루시아 주의 수도인 세비야Sevilla; Seville의 가로수는 오렌지 나무이다. 2002년 처음 ICOMOS 회의를 위해 방문했을 때 회의장 입구 바닥에는 직경 3m 정도 되는 어마어마하게 큰 둥근 돗자리 그릇(?)에 가득 담긴 오렌지가 있었다. 그것을 보고 필자는 '여기는 오렌지가 많이 나서 오렌지를 장식으로도 사용하는구나' 하고 생각했었다. 그 오렌지를 누구나 마음대로 먹어도 된다는 것을 알게 되었을 때는 이미 회의가 거의 끝나갈 무렵이었다. 몇 개를 집어 와서 맛을 보았는데 정말 달고 맛있었다.

새로운 지역에 가면 지리학을 전공하는 사람으로서의 호기심이 발동하여 시내 곳곳을 걸어 다녔고, 새로운 볼 것을 찾아 다녔건만 세비야를 기억하는 것은 단지 가로수가 오렌지 나무였고 세계 유산 지역이라는 것, 그리고 좋은 날씨와 곳곳에 이슬람 문화가 깊이 침투해 있었다는 것뿐이었다. 또한 그곳을 떠나 그라나다Granada, 베자Beja, 코르도바Córdoba를 여행하면서 처음으로 올리브 나무와 올리브 농장을 보았고 지중해성 기후 지역임을 새삼 확인하였었다.

2009년 여름 제33차 세계 유산 위원회가 개최되는 세비야를 다시 찾았다. 사람에 따라서 부르는 이름이 다른 세비야의 가로수가 오렌지 나무였다는 사실만 끝없이 기억하면서…. 그리고 섭씨 41도로 작열하는 오후 4시의 태양 속을 다닐 엄두도 없었지만, 매일을 회의장에 앉아 있어야만 했던 곳이었던 세비야는 나에게 잊지 못할 도시가 되었다. 몇 년간 추진해 왔던 조선 왕릉 40기의 세계 유산 등재가 확정된 곳이었기 때문이었다.

세비야에 도착하여 개회식이 개최되기 시작한 저녁까지 몇 사람과 함께 새벽에 도착한 피곤함도 잊고 시내를 돌아다녔다. 예전에 한번 와 본 경험도 있고 하여 나는 오렌지 나무가 가로수라는 사실을 끊임없이 다른 사람들에게 얘기하였다. 그러다보니 길거리에서 건물과 건물 사이를 천으로 막아 차양을 만들어 놓고, 각 건물마다 이 차양을 달아 햇빛을 차단하고 있는 것을 발견할 수 있었다. 전에는 이런 건물이 없었는데…. 하고 생각해 낸 것이 이곳을 방문했던 시기의 차이였다.

2002년에는 11월 말이었고, 2009년에는 6월 말이었음을 확인한 것이었다. 시기의 차이는 겨울로 가는 길목과 한여름이었으니 사람들이 느끼는 태양에 대한 인지도가 다른 것은 당연한 것이었다. 점심 시간은 2시부터 시에스터와 함께 2시간 동안이기 때문에 해가 지고 선선해지기 시작하는 10시가 가장 대표적인 저녁 시간이 되는 이곳의 풍습에 익숙해져야 하는 고충도 있었다.

세비야는 안달루시아의 주도로서 우리에게 유명한 카르멘의 무대이고 플라밍고의 본고장이기도 하다. 때문에 매년 개최되는 플라밍고 대회는 오랜 역사를 지니고 있다. 또한 안달루시아 지역에서는 이슬람 문화와 기독교 문화가 어우러져 분포하고 있다. 특히 이슬람 사원이 있던 곳에 세워진 고딕 양

1. 길거리의 오렌지 나무. 나무에 오렌지가 달려 있는 것이 보인다.

2. 오렌지 나무

기하학적 문양으로 이루어진 성채의 모습

식의 대성당이나 세비야의 시내 지역이 한눈에 들어오는 높이 98m의 히랄다 탑La Giralda, 또한 과거 유태인들의 주 거주지였던 산타 크루즈 지역, 아름다운 정원과 이슬람 문화를 시작으로 무데하르, 고딕, 르네상스 양식이 건축물에서 그대로 보여지는 알카사르Alcazar 성 등은 세비야의 성격을 그대로 반영시켜 주는 복합 문화의 표현물들이다.

또한 세비야에서 꼭 방문해야 할 곳이 1929년 스페인·아메리카 박람회장으로 사용되었던 스페인 광장Piazza di Spagna이다. 반원형의 건물이 건축되어 있

스페인 광장의 모습

으며 건물의 아래쪽에는 스페인 각지의 지도와 역사적인 사건들을 타일에 그려 놓아 스페인을 다시 공부할 수 있는 좋은 기회를 제공하고 있기도 하다.

이혜은 동국대학교 지리교육과 교수

독일의 뷔르츠부르크, 화이트 와인의 집산지를 가다

독일의 관광 루트 중에서 가장 잘 알려져 있고 인기도 높은 로맨틱 가도 Romantische Strasse는 중세 시대 독일과 이탈리아 로마까지 연결되었던 교역로(로맨틱이라는 명칭도 여기에서 유래한다)의 일부로 마인 강변의 도시 뷔르츠부르크Würzburg에서 알프스 산맥의 퓌센까지 이어지며 그 총 길이는 360km에 달한다. 2차 대전 이후에 독일 정부가 관광지로 개발한 로맨틱 가도는 주변 경관이 아름다울 뿐 아니라 그림 엽서에서 튀어나온 듯한 예쁜 마을들과 '중세의 보석' 이라 불리우는 로텐부르크, '독일 중세 후기의 모습을 가장 잘 보존하고 있는 도시' 로 독일 문화재 보호 재단에서 지정한 딩켈스뷜, 2000년 전에 로마 황제 아우구스투스에 의해 건설된 '독일에서 가장 오래된 도시' 중의 하나인 아우구스부르크 등 가도를 따라서 중세 도시의 전형을 간직한 도시들이 많아 여행자들에게 그 이름대로 중세의 낭만을 느끼게 해 준다. 대부분의 관광객들이 자동차를 이용하지만 4월부터 10월까지는 프랑크푸르트와 뮌헨에서 출발하여 로맨틱 가도를 왕복하는 정기 노선 버스도 운행되고 있다.

대부분의 관광객들이 로맨틱 가도의 시발지로 통과하게 되는 뷔르츠부르크는 마인 강 양안에서 발달하여 대주교의 본거지로 번영을 누렸던 유

1. 뷔르츠부르크 중앙역 뒤로 펼쳐진 슈타인베르크 포도 산지

2. 레지덴츠 궁전

서 깊은 대학 도시이다. 인구는 13만 명 정도이고 도시 이름에 붙은 부르크Burg(산성)가 의미하듯이 이 도시의 상징은 원래 켈트인의 요새였다가 후에 주교 관저(1253~1720)로 이용되었던 마인 강변에 우뚝 솟은 마리엔베르크 요새이다. 1720년 대주교는 마리엔베르크에 만족하지 않고 절대적인 권력을 과시하기 위해 새로운 관저를 짓게 하는데 바로크 건축의 거장 발타사르 노이만이 설계하여 1744년에 완공한 레지덴츠 궁전Residenz Palace이 바로 그것이다. 이 레지덴츠는 알프스 북쪽의 후기 바로크 양식의 대표적인 건축물로 1981년 유네스코 세계 문화 유산에 등재되었다.

그러나 무엇보다도 뷔르츠부르크는 프랑켄 와인의 집산지로 잘 알려져 있다. 뷔르츠부르크가 속해 있는 프랑켄 지방은 독일의 13개 와인 생산지 중의 하나로 8세기경부터 와인 생산을 시작하였다. 현재 약 5,000 ha 정도에서 포도를 재배하고 있으며 쌉쌀한 맛과 신 맛을 지닌 남성적인 화이트와인을 생산하기로 정평이 나 있다. 독일의 대표적인 술 하면 보통 맥주를 떠올리는데 독일의 화이트와인도 맥주 못지 않게 맛과 품질 면에서 뛰어나다. 독일은 와인 생산의 북방 한계선에 위치해 포도가 생장하기에는 다소 혹독한 기후 조건을 갖고 있다. 하지만 오히려 이 점이 포도나무가 땅속의 영양분을 충분히 흡수하는 계기가 되어 전반적으로 가볍고 섬세하고 순한 와인이 생산된다고 한다. 뷔르츠부르크에서 생산되는 화이트와인은 복스보이텔Bocksbeutel(염소 오줌통이라는 뜻으로 옛날에 이것을 와인병으로 사용한 데서 유래)이라고 하는 둥글고 넓적한 녹색 병에 담겨져 판매되며 주로 독일에서 자체 소비되기 때문에 와인 애호가들 사이에서 희귀 품목으로 인식되고 있다. 특히 뷔르츠부르크 중앙역 바로 뒤 슈타인베르크라는 밭에서 수확되는 포도로 만든 와인은 최고급 와인으로 인정받고 있다.

와인의 고장답게 뷔르츠부르크와 주변 마을 양조장에는 와인 저장고(와인켈러) 견학과 시음을 할 수 있는 곳이 많고 뷔르츠부르크 시내에서 유서 깊은 와인 저장고를 보유하고 있는 곳은 뷔르거슈피탈Buergerspital, 율리우스슈피탈Juliusspital과 레지덴츠 궁전이다. 특이한 것은 앞의 두 곳이 현재도 운영되고 있는 병원이라는 점이다. 뷔르거슈피탈은 1316년에 귀족 부부의 기부금으로 설립된 노인들을 위한 자선요양원이고 율리우스슈피탈은 율리우스 대주교에 의해 1576년에 설립된 병원으로 두 곳 다 4월부터 10월 중순까지 주말에 와인 저장고 견학 프로그램을 운영하고 있다.

와인 생산을 통해 번 돈으로 자선 사업, 다시 말해 노블레스 오블리주를 실천하는 셈이다. 세계 문화 유산인 레지덴츠 궁전의 지하에는 국가 소유의 궁정 저장고Hofkeller가 있다. 이 와인 저장고는 대주교가 지니고 있던 귀중한 와인들을 보관하기 위해 처음 궁전을 지을 때부터 설계되었고 현재까지 280년 동안 와인셀러로 이용되고 있어 와인 애호가들 사이에서 '와인의 성지'라고 칭해진다. 독일에서 세 번째로 큰 와인셀러로 여기서도 4월부터 12월 중순까지 주말에 견학과 시음 및 구매를 할 수 있고 시간은 약 1시간 정도가 소요되며 입장료는 0.1 리터 와인을 포함하여 6 유로이다(2008년 10월 기준). 분위기 있는 촛불로 밝혀진 미로 형태의 와인셀러에 들어서니 향긋한 술 냄새와 더불어 일렬로 도열해 있는 5,000리터에 달하는 거대한 오크통들이 보는 사람을 압도한다.

특히, 인상적인 것은 천정과 벽이 곰팡이들로 하얗게 뒤덮여 있는 모습이었는데 이는 오크통 안에서 와인이 발효되면서 생성되는 것으로 우리나라

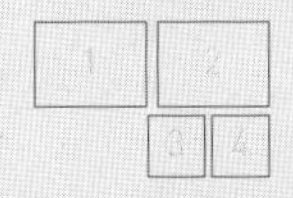

1, 2. 레지덴츠 궁전 지하 와인 저장고

3. 복스보이텔에 담긴 화이트 와인

4. 1576년 설립된 율리우스슈피탈 병원의 와인 저장고 간판

된장 항아리같이 오크통이 공기가 통한다는 것을 방증해 준다.

한편에는 수백 년 된 와인들을 포함해 역사적 가치가 있는 와인들을 보관하고 있는 와인 라이브러리가 있었지만 안타깝게도 쇠창살로 막아 일반인들의 출입을 금하고 있었다. 필자는 각별한 와인 애호가는 아니지만 이 와인 저장고를 두고 티에폴로가 그린 세계 최대의 천장 프레스코화, 그리고 호화로움의 극치라는 황제의 방과 더불어 레지덴츠가 자랑하는 세 가지 보석 중의 하나라고 하는 이유를 알 것 같았다.

김부성 고려대 지리교육과 교수

Part 5

아메리카의 틈새를 보다

구릉지로 이루어진 샌프란시스코의 북쪽 시가지 경관

매니토바의 이글루

맨하탄의 하이라인

멕시코의 타코

페루의 마추픽추

Travel 13

캐나다, 한번쯤 일상을 떠나서 가보고 싶은 천혜의 자연 명소

로키 산맥의 설산

재스퍼와 밴프, 빙하가 만들어낸 거대한 국립 공원

캐나다의 로키 산맥을 둘러보기 위해서는 재스퍼 국립 공원Jasper National Park과 밴프 국립 공원Banff National Park을 들러야 한다. 캐나다 앨버타 주 서부에 위치한 재스퍼 국립 공원에는 빙하로 덮인 3,000m가 넘는 높은 봉우리들이 늘어서 있다. 남쪽으로는 고속도로로 밴프 국립 공원과 이어져 있는데, 로키 산맥 동쪽의 비탈면에 위치한 밴프는 1885년에 캐나다 최초의 자연 공원으로 개설된 유서 깊은 국립 공원이다. 재스퍼와 밴프 국립 공원에서는 빽빽하게 늘어선 침엽수림과 깎아지른 듯한 설산, 크고 작은 빙하호를 지겹도록 만날 수 있으며, 폭포와 협곡, 온천도 볼 수 있다. 책 속에서만 접하던 각종 빙하 지형을 볼 수 있는 것은 로키 여행의 매력 중 하나이다.

로키 여행을 통해 만나는 가장 대표적인 빙하 지형으로는 콜롬비아 아이스필드Columbia Icefield를 꼽을 수 있다. 영화 「닥터 지바고」의 시베리아 설원 장면을 촬영한 곳으로도 유명한 콜롬비아 아이스필드는 면적 325km^2로 지구상에서 북극 다음으로 넓은 빙원이나, 지구 온난화의 영향으로 매년 7~8km 가량 녹아들어 가고 있어 많은 사람들의 안타까움을 자아내고 있다. 콜롬비아 아이스필드에서는 여러 빙하를 볼 수 있는데, 그 중에서도 아사바스카 빙하Athabasca Glacier가 가장 유명하다. 아사바스카 빙하는 한때 북쪽으로는 재스퍼까지 뻗어 있고, 남쪽으로는 캘거리까지 연결되어 있었으나 현재는 그 면적이 많이 줄었다. 아사바스카 빙하는 설상차를 타고 올라가 빙하 위를 거닐 수도 있고, 빙하가 녹은 물을 먹어 보는 등 직접 빙하를 체험해 볼 수 있는 곳이기도 하다. 사정상 그런 체험을 하지는 못했지만, 빙하는 단순한 지형 용어 이상의 느낌을 주었다. 두꺼운 만년설층 밑에서 오랜 시간 다져지며 형성된 빙하빙은 일반 얼음과 달리 푸르스름한 옥빛을 띤다. 빙하빙의 옥빛은 어찌나 고상하고 은은한지 아름다운 보석을 보는 듯하다. 한 시인은 다음과 같은 시를 남겨 아사바스카 빙하를 기억했다.

록키 아사바스카 빙하

얼음의 단단함보다
시간의 단단함이 각인된 제 3지대
사념의 마른 고뇌가 억겁을 다스리면
저리도 순수할까
다 버리고 하얗게 드러누운 빙원에서

여름의 더운 발로도

사람들은 파르르 떤다.

눈과 햇살을 먹고 자란

하얀 생명, 하얀 바다

콜롬비아 대빙원 아사바스카 빙하는

삼백 미터 깊이에, 부산시 크기라는데

밟고 선 이곳은

록키 산 사이, 별 하나 지나가는

빙원의 끝자락 시린 마디

태고의 현으로 울리는 장엄한 고요

두터운 얼음벽에 역사를 쌓고

록키산맥을 넘어온 대륙의 열기가

옆구리 붉은 생채기를 만들어도

고독한 인내로 지구의 땅을 붙들고 있다.

- 김윤자, 순수문학 2005년 2월호

설산과 침엽수림, 빙하 이상으로 캐나다에서 많이 볼 수 있는 것이 빙하호이다. 작은 웅덩이만한 것부터 바다만큼 넓은 온타리오 호수Lake Ontario 등 그 크기도 다채롭다. 그 수도 엄청나서, 퀘벡 주의 것만도 200만 개가 넘을 정도니 캐나다를 여행하면서 만나는 수많은 호수는 대개 빙하호라고 생각해도 과언이 아니다. 그중 로키의 꽃이라고 불리는 것이 루이스 호수Lake Louise이다. 밴프에서 60km 떨어진 곳에 위치한 루이스 호수는 로키의 수많은 호수 중에서

1 2 1, 2. 콜롬비아 아이스필드의 아사바스카 빙하

가장 인기 있는 호수로 세계 10대 절경 가운데 하나로 손꼽힌다. 19세기 빅토리아 여왕의 딸인 루이스 캐롤라인 앨버타 공주의 이름을 따서 루이스 호수로 불리게 되었으며, 빙하에 의해 미세하게 깎인 진흙이 바닥에 가라앉으면서 햇빛에 반짝여 호수 색깔이 에메랄드빛을 띤다고 한다. 여행을 했던 시기에는 눈이 쌓여 있어 물빛을 온전히 볼 수는 없었지만, 호수로 흘러드는 물줄기는 맑기 그지없다. 일본의 유명한 피아니스트 유키 구라모토는 이 호수의 아름다움에 반해 「레이크 루이스Lake Louise, 1998」라는 곡을 작곡하기도 했다.

밴프에 가면 침엽수림 속에 웅장한 모습을 자랑하는 밴프 스프링스Banff springs에 들러보기를 권한다. 밴프 스프링스에서는 우리나라 사람들이 좋아하는 온천욕을 즐길 수 있다. 밴프 스프링스는 로키에서 가장 유명한 온천 관광지이나 한국에서 볼 수 있는 것과는 사뭇 다른 경관이다. 그 흔한 네온

1. 레이크 루이스 2. 밴프 스프링스에서의 온천욕

사인이나 즐비하게 늘어선 음식점조차 없는 밴프에서는 그저 맑고 차가운 공기만 벗 삼아 고요함 속에서 자연을 만끽할 수 있다. 따끈한 온천물로 채워진 노천 수영장에 가만히 몸을 담그고 로키의 상쾌한 바람을 느끼면 그야말로 천국에 온 것 같은 기분이 든다.

빙하와 호수, 폭포, 온천 등 로키의 자연 경관들을 둘러보노라면 신이 만들어낸 순결한 영역에 한발을 살짝 걸친 듯한 생각이 든다. 한 가지 다행인 것은 로키 산맥이 워낙 광대한 곳이어서 그런지는 몰라도, 로키에서의 여행은 그 장엄한 곳에 그저 발을 살짝 걸쳤다 조용히 물러나는 것처럼 요란하지 않으며, 자연의 질서를 흐트러뜨리지 않는 느낌을 준다는 것이다.

김혜숙 한국교육과정평가원 부연구위원

머스쿼도 보이트 해변

핼리팩스 시市가 매년 보스턴에 크리스마스 트리를 보내는 까닭은?

캐나다 동부에 위치한 노바 스코샤Nova Scotia 반도는 대서양에 접해 있고, 반도의 일부분을 제외한 대부분 지역이 리아스식 해안으로 되어 있다. 바다로 둘러싸여 있어서 어디에 가든지 광활한 파도의 숨결을 느낄 수 있는 곳이기도 하다.

이 지역은 바다를 낀 해양성 기후이기 때문에 4계절 내내 온화한 기후를 나타내고 있다. 그런 가운데서도 여름에서 가을 초까지 화창한 날씨가 이어지고, 지역에 따라 겨울에는 눈이 많이 내리기도 한다. 따라서 초여름에서

늦가을까지 유럽 또는 미국으로부터 이곳을 찾는 관광객이 끊이지 않는다.

어느 도시에 가 보더라도 관광안내소가 비교적 잘 운영되고 있으며, 주민들이 친절하여 여행에 불편함을 느끼지 못한다. 여행객은 B&B Bed & Breakfast 사성(四星)급 호텔 정도면 깨끗하고 안락한 숙박을 할 수 있다. 숙박비는 100C$(캐나다 화폐) 내외 정도이다.

산업부문은 사과 등 각종 과일과 감자, 채소 등의 농산물이 생산되고, 바닷가재, 가리비, 청어, 새우 등 수산물이 풍부하다. 특히, 바닷가재는 이 고장의 특산물로 유명하다. 크리스마스 트리의 생산도 많으며 천연 자원을 이용한 제조업도 발달하고 있다. 뉴 스코틀랜드New Scotland라는 의미의 Nova Scotia란 말에서 알 수 있듯이 도처에서 영국의 스코틀랜드 지방의 분위기를 느낄 수 있다.

역사적으로 살펴보면, 이 곳에 최초로 유입된 유럽인은 프랑스인이었다. 1604년부터 펀디 만Bay of Fundy 부근에 정착한 프랑스인들은 그들이 사는 지역을 아카디아Acadia라고 불렀다. 세월이 흐르면서 이들은 아카디아에 사는 사람이라는 뜻으로 자신들을 아카디언Acadian이라고 부르고 그들 나름대로의 독특한 문화를 구축해 나갔다. 그러다가 1713년 영국과의 전쟁에서 패하여 이 지역의 주도권을 쥔 영국인들은 이 아카디언들을 추방하였고, 주권은 영국으로 넘어갔다. 이 지역을 관할하는 영국 총독은 모국인 영국에 충성을 요구했으나, 이를 거절한 아카디언들은 강제로 추방되다시피하여 어디로 떠나는지도 모르고 배에 실려 나갔다.

이 시기를 배경으로 하여 미국 시인 롱펠로H. W. Longfellow(1807~1882)는 그의 유명한 장편 서사시 「에반젤린Evangelin」을 쓰기도 하였다. 오랜 세월이 지

1. 오스트레아 호수변에 있는 아름다운 집

2. 머스쿼도 보이트 항구의 전경

나 정국이 안정되고 평화로워지자 이 곳을 떠났던 아카디언들은 다시 고향인 이 곳으로 돌아왔다. 이 슬픈 역사의 흔적은 이들의 주 근거지였던 노바스코샤 주 북동부 아나폴리스 밸리Annapolis Valley를 중심으로 연이은 해안 지대에 아직도 많이 남아 있다.

타이타닉 호는 1912년 영국에서 출발해 미국의 뉴욕으로 항해하던 중 노바 스코샤 반도의 인근 해역에서 빙산에 부딪히는 사고로 좌초된 초호화 여객선이다. 사고는 당시 항해사가 이 배의 위력만 믿고, 빙산 경고를 보낸 무전을 무시한 데서 비롯되었다. 상상하기조차 어려울 정도로 엄청난 크기의 빙산에 부딪혀 거대한 배는 두 동강이 났고, 구조용 보트가 턱없이 모자라 많은 사람들이 그대로 배와 함께 바다 속으로 끌려 들어가고 승선자의 겨우 32%만이 구조되었다. 당시 배에 탄 승객이 1,300여 명이고 선원이 900여 명이었는데 구조된 사람은 705명뿐이다.

1917년 12월 6일 노바 스코샤 주의 수도인 핼리팩스Halifax가 한 순간에 초토화된 일이 벌어졌다. 제 1차 대전이 한창이던 시기에 프랑스의 대형 군사 수송선인 몽블랑 호가 엄청난 군사 물품을 싣고 핼리팩스로 들어오던 중 인근을 항해하던 다른 선박과 충돌해 배에 불이 붙었다. 다행히 승선원 모두가 바다로 뛰어들어 구조되었으나 문제는 불이 붙은 채로 승선원도 없이 돌진해오는 몽블랑 호였다. 그 배에는 엄청난 양의 폭약과 무기가 실려 있었는데, 핼리팩스 항구로 돌진해 온 몽블랑 호가 그대로 폭발하였던 것이다. 이 사고로 2천여 명의 사망자와 9천여 명의 부상자가 발생했고, 핼리팩스는 완전히 초토화되었다. 이 소식은 곧 전 세계로 퍼져나갔고, 여러 나라에서 구호 물자와 성금이 답지하였다. 당시 이 사고를 수습하기 위해 달려 온 의사, 군인, 자원봉사자들의 도움이 있었는데, 이 중 미국의 매사추세츠 주에서 가장 적극적인 도움을 주었다. 핼리팩스 시에서는 사고 수습 후 그에 대한 감사 표시로 매년 연말마다 매사추세츠 주도인 보스턴에 크리스마스 트리를 선물하고 있으며 그 전통은 아직까지도 이어지고 있다.

핼리팩스는 노바 스코샤의 주도이자 그 지역에서 가장 번화한 도시이며 교통의 요지이다. 핼리팩스 국제공항Halifax International Airport은 캐나다 주요 도시와 미국의 일부 도시, 그리고 영국 런던간 직항편이 운행 중이고, 토론토와는 정기 항공노선이 있는데 약 2시간 정도 소요된다. 핼리팩스의 도시화는 프랑스와의 전쟁에서 승리를 거둔 영국이 노바 스코샤의 주도를 핼리팩스로 정하면서 발달하기 시작하였다. 이 곳의 경관은 17세기 상업 활동의 중심지로 명성을 떨쳤던 활기찬 분위기가 드러나는 해안가에서 찾아 볼 수 있으며, 도시 곳곳에 서 있는 옛 빅토리아 양식의 건물이 그 사이사이로 들어선 현대식 건물과 어우러져 고풍스러우면서도 현대적인 도시 경관을 가지고 있다. 루넌버그Lunenburg는 1753년 독일인, 스위스인들이 이주해 만든 아주 독특한 아름다움을 가진 도시이다. 바닷가에 연이어 지은 고색창연한 건축물들이 지금도 좁은 도로변에 잘 정비되어 있으며, 1760년대에 지은 건물들도 아직까지 잘 보존되어 있다. 현재 이 오래된 도시 구역은 유네스코 세계유산에 등재된 문화유산이다. 야머스Yarmouth는 노바 스코샤 서쪽에 있는 도시이다. 노바 스코샤에서 미국의 메인 주인 하버까지 항해하는 '더 캣The CAT'이라는 큰 배가 운항이 될 때에는 상당히 활기를 띤 도시였으나 작년부터 환경 보존상에 문제가 발생하여 운항이 중지되자 이곳은 급격하게 쇠퇴하고 있다. 딕비Digby는 노바 스코샤 반도와 뉴브런즈윅 주의 세인트 존 항구 간에 페리선이 운항되고 있으며, 야머스 항구와는 반대로 활기찬 도시로 변신하고 있다. 아나폴리스Annapolis는 아나폴리스 밸리의 중심 도시로서 도심에 소재한 오래 전에 건축된 아름답고 거대한 저택들이 오늘날 인Inn으로 바뀌어 영업하고 있다. 아나폴리스 밸리에 사는 주민들은 농업과 수산업에 종사하고 있으며 사과 및 감자, 채소 등을 생산하고 바닷가재, 새우, 청어 등이 특산품이다.

인근에 있는 세인트로렌스 만Saint Lawrence Bay에 위치한 프린스 에드워드 섬Prince Edward Island은 캐나다 아동문학가 루시 M. 몽고메리Lucy Maud Montgomery가 1908년에 발표한 「빨강머리 앤Anne of Green Gables」의 무대로 알려져 이곳을 찾는 관광객도 끊이지 않는다.

박숙희 (주)자이안 회장

매니토바에서 이글루를 만들다

교환 학생으로 캐나다에서 공부하던 시절, 그곳에서 '노던 인바이런먼트Northern Environment'라는 극지방의 문화와 환경에 관한 내용을 배우는 수업을 수강한 적이 있었다. 이 수업에는 면적이 4624km^{2}가 되는 매니토바 호수의 남안에 위치한, 매니토바 대학의 리서치 센터인 델타 마시 필드 스테이션Delta Marsh Field Station이라는 곳으로 2박 3일간의 답사가 계획되어 있었다. 이 답사의 주 목적은 학생들이 직접 이글루를 만들어 보고, 그 이글루 안에서 하룻밤을 체험하는 것이었으며, 그 외에도 이누이트의 의상·음식·위급 사항 대처 방안 등에 대해 배우는 것이었다.

매니토바 호수가 위치하고 있는 매니토바 주는 캐나다의 중앙에 위치한 주로, 주도는 위니펙이다. 매니토바 주는 남부의 3분의 1 정도의 지역이 평원이고, 로렌시아 대지가 주의 대부분을 차지한다. 또 캐나다 최대의 호소군이 있으며, 기후는 대륙성으로 한서의 차가 심하다. 특히 이곳의 겨울은 매우 매서운데, 종종 영하 40도 정도가 되는 기온을 경험하며 혹독하게 춥다는 것이 무엇인지를 몸소 체험할 수 있었다.

이번 답사의 하이라이트였던 이글루 짓기는 일년의 대부분을 눈과 얼음으로 덮여 있는 툰드라 지방에서 생활하는 이누이트의 지혜를 엿볼 수 있던 의미 있는 활동이었다. 이글루는 눈으로 만든 이누이트의 집을 가리키며, 형태는 반구상이며 남쪽에 출입구를 내고, 그 전방에 작은 빙설 집을 더 만들어 저장고나 개 집으로 사용해 가며 외기의 침입을 막는 것이 일반적이다. 내부는 벽을 따라 빙설의 대(臺)를 설치하고 그 위에 작은 가지로 엮은 깔개를 깔고, 그 위에 몇 장의 수피(獸皮)를 깔아 침대로 사용한다.*

꽁꽁 얼어 있는 매니토바 호수에는 1m도 넘는 눈이 쌓여 있어서 이곳이 과연 호수인지, 아니면 눈이 수북히 쌓여 있는 평지인지를 분간하기 힘들었지만, 바로 그 곳이 우리가 이글루를 지을 곳이었다. 지정되어 있는 안전 구역 내에 자리를 잡은 우리들은 필요한 도구인 삽과 톱, 그리고 길쭉한 칼을 준비한 채 작업을 시작하였다. 가장 먼저 해야 할 일은, 이글루를 만드는 데 필요한 눈 블록snow block을 준비해 놓는 것이다. 1m가 넘게 쌓여 있는 눈은 밑으로 파 내려갈수록 그 밀도가 더 높으며 매우 단단하여 마치 얼음조각 같다. 이글루의 '벽돌'이 되어 줄 눈 블록이 바로 이 부분인데, 이 부분을 얻기 위해 일단 삽을 이용하여 윗부분의 눈을 파내야 한다. 일정량을 파낸 후, 눈 위에 약 길이는 60cm정도, 세로는 약 30cm정도 되는 우리가 가져온 톱을 기준 삼아 눈 위에 직사각형 모양을 표시해 놓은 후, 이 표시를 기준 삼아 약 80cm정도를 톱으로 깎아 내려가 직육면체 형태의 눈 블록을 얻어낸다. 우리가 만들었던 소형 이글루(4인용)를 짓기 위해서는 약 40조각의 눈 블록이 필요했다. 약 40조각의 눈 블록을 얻기 위해서는 엄청난 노동(?)이 필요

* 출처 : 이글루[igloo] | 네이버 백과사전

1. 눈 블록 작업을 진행한 곳의 전경

2. 이글루의 벽돌이 되어 줄 눈 블록을 준비하는 모습

3. 작업을 통해 얻은 눈 블록을 모아 놓은 모습

4. 눈 위에 기초가 될 원을 그린 후, 1층부터 쌓는 모습

하다. 이글루를 짓는 과정을 통해 모든 학생들은 골고루 눈 블록을 자르는 것과 옮기는 것을 모두 경험했다. 톱으로 단단한 눈을 자르는 것은 생각보다 많은 힘을 필요로 했고, 눈 블록은 무게가 상당히 나가 옮기는 작업도 만만치 않았다. 열심히 작업을 하다 보니 추운 날씨에도 불구하고 땀이 나는 것을 느꼈다.

필요한 양의 눈 블록이 다 모이자 우리는 본격적으로 이글루를 짓기 시작했다. 처음 해야 할 것은, 길쭉한 칼의 손잡이 부분을 노끈으로 묶어 쇠파이프 같은 것에 연결시킨 후 눈 깊숙이 꽂는 것이다. 그 후 한 사람은 쇠파이프가 잘 고정되어 움직이지 않도록 꾹 누르고, 다른 한 사람은 칼을 잡고 컴퍼스로 원을 그리듯이 눈 위에 원을 그린다. 이때 노끈의 길이는 원의 반지름이 되며, 우리 노끈의 길이는 약 1m 정도 되었다. 이것이 완성되면 해야 할 일은, 이 원을 기준으로 준비해 두었던 눈 블록을 돔 모양으로 한 층씩 쌓아 올리는 것이다. 가장 밑부분에 놓을 눈 블록은 이글루의 뼈대가 되기 때문에 가장 크고, 가장 단단한 것들로 해야 한다. 그 후로는 순차적으로 한 층씩 위로 쌓아 올리면 되는데, 중요한 점은 아래층의 눈 블록과는 엇갈리게 해야 한다는 것이다. 또 위로 올라갈수록 직각으로 눈 블록을 쌓는 것이 아니라, 반구형이 될 수 있도록 조금씩 비스듬히 쌓아야 한다. 같은 층에 쓰여질 눈 블록은 크기가 비슷한 것을 이용하는 것이 좋으며, 작업 중 크기가 조금 어울리지 않다거나 혹은 다른 눈 블록과 조화를 이루지 않는다면 긴 칼을 이용하여 조각하듯이 필요한 형태로 다듬어 내면 된다. 또 블록과 블록 사이의 이음새와 틈은 눈을 밀어 넣어서 막는다.

지붕을 제외하고 거의 완성이 되면, 출입이 가능한 문을 만들기 위해서

1. 난관인 지붕을 만드는 모습 2. 우리 팀이 만든 완성된 이글루 앞에서

칼을 이용하여 '문' 부분의 눈을 도려낸다. 하지만 이 문은 별로 크지 않아서 안으로 들어가려면 기어 들어가야 한다. 그러고 난 후 이 도려낸 부분을 덮을 문을 만들어야 하는데, 문 크기와 비슷한 눈 블록을 구해서 문의 모양과 비슷하게 다듬어 내면 된다. 문을 다 만들고 나면 이를 통해 사람이 이글루로 들어간 후, 밖에 있는 사람이 큰 눈 블록을 주면 한 손으로는 그것을 받치고, 다른 한 손으로는 칼을 이용하여 다른 눈 블록과 어울리도록 조금씩 다듬어 지붕으로서의 역할을 할 수 있게끔 한다. 이 여러 단계 중 지붕을 만드는 것이 제일 어려웠으며, 작업 도중 눈 블록을 알맞게 다듬지 못해서 지붕이 몇 번 붕괴되기도 하였다. 이 몇 번의 붕괴 때문에 이날 밤에 이글루가 잘 완성된 후에도 이글루 안에서 자는 것이 두려웠지만, 그것은 기우에 불과

1 2 1. 완성된 여러 채의 이글루 2. 동물 가죽을 이용해서 만든 침낭

했다. 이글루는 역학적으로 지어져서 강풍에도 끄덕 없는 구조를 갖고 있기 때문이다. 준비 단계부터 끝마치기까지 약 6시간 정도가 소요되었다.

이글루를 완성하고서 우리는 저녁 식사 후 보고회를 하였고, 그 후에는 계획대로 각 조별로 직접 지은 이글루로 들어가 하룻밤을 보내는 체험을 하였다. 숙소 안에서 샤워를 다 마치고, 두꺼운 옷으로 갈아입은 후 우리는 손전등을 들고 각자의 이글루로 향했다. 밖에서 봤을 때는 그리 크지 않아 보였지만, 막상 들어가 보니 4명이 비좁음을 느끼지 않은 채 누워서 잘 수 있는 공간과, 짐을 놔둘 곳도 있어서 매우 놀랍고 신기했다. 이글루에 들어간 후 우리는 교수님께서 배분해 주신 순록 가죽caribou skin을 바닥에 깔고, 그 위에 이불을 하나 깔고, 각자 준비해 온 침낭에 들어가서 잠을 청했다. 얼굴이 약간 시

이글루 안에서 하룻밤을 지내고 맞이한 아침

렵기는 했지만 생각보다 춥지 않았고, 이글루 밖의 온도와는 확연히 다르다는 것을 느낄 수 있었다. 얼어 있는 거대한 호수 위에는 눈까지 수북이 쌓여 있는데, 그 호수 위에 우리가 직접 이글루를 짓고 그 안에서 하룻밤을 묵어 보는 느낌은 말로 표현할 수 없을 만큼 환상적이었다. 비록 이누이트가 주로 거주하는 북극해 지방은 우리가 일반적으로 집을 지을 때 사용하는 재료를 구하기 힘들며 기온도 매우 낮아 춥지만, 주어진 조건을 지혜로이 활용하여 혹한 속에서도 따뜻하게 쉴 수 있는 집을 만들어 삶을 영유해 나간다는 것에 대해 새삼스레 다시 감탄하지 않을 수 없었다.

이글루로 들어가서 잠을 청하기 전 캐나디안 친구들과 함께 눈으로 덮인 호수 위에서 캠프파이어도 하고 과자도 나누어 먹으며 즐거운 시간을 보낼 수 있었다. 주변에 불빛이라고는 숙소에서 뿜어져 나오는 것이 다였던 그곳에서 나는 난생 처음으로 칠흑같이 컴컴한 하늘에 수놓아진, 당장 내게로 쏟아질 것만 같았던 수천 개, 수만 개의 별을 볼 수 있었다. 쳐다보고만 있어도 가슴이 너무나도 벅차올라 눈물이 울컥 쏟아질 것만 같은 밤하늘을 보며, 대자연의 웅장함을 마음 깊은 곳으로부터 느낄 수 있었다. 시간이 지난 지금까지도 그날의 감동은 마치 어제 일어난 일처럼, 생생하게 나의 뇌리에 아름답게 박혀 있다.

김민지 고려대 지리학과 대학원생

Travel 14

앵글로 아메리카,

넓은 땅만큼이나 다양한 사람들이 사는 곳

맨하탄에는
명품 고물 하이라인이 있다

맨하탄 서부 남단에는 1930년대 초 건설된 고가 철로가 있다. 웨스턴 빌리지 Western Village는 항구를 중심으로 정육 포장 유통을 위한 창고 단지가 일찌감치 형성되었고, 내륙으로 물품을 수송하기 위한 유통 화물 차량들로 늘 붐비고 있었다. 지금은 서부 예술인 커뮤니티로 쓰이고 있는 벨 산업 건물과 현재 첼시마켓Chelsea Market 자리에 있었던 나비스코Nabisco 공장은 좀도둑들로 인한 피해에 애를 먹고 있었고, 이 지역을 다니는 사람들은 바쁘게 오고 가는 화물 차량에 교통사고를 당하기 일쑤였다. 이러한 크고 작은 문제를 해결하기 위해 고가 철로가 지어졌으며, 이는 1980년대까지 방어벽의 역할을 해 주었다.

1 2 **1, 2.** 하이라인이 위치한 맨하탄 서남부 정육 포장 단지와 건설된 하이라인의 모습

1. 목초지로 채워진 고철 고가 철도 공원

2. 하이라인 공원

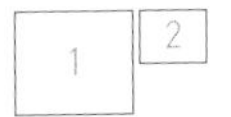

1, 2. 모든 사람이 소통할 수 있게 설계된 구조물

그러나 1980년대에 들어서면서 오래된 공장들은 문을 닫고, 근로자들이 떠나면서 이 지역의 창고와 오랜 기간 수송로 역할을 해 주던 철로마저 기능을 다한 채 도시 내 폐물로 남게 되었다. 10여 년 이상 쓸모없이 남겨진 채 우범지대로만 소외되던 이 지역에 대한 철거 문제가 큰 논란이 되던 1990년 중반, 뉴욕 시의 도시 전문가들과 맨하탄 서남부의 거주자들은 버려진 이 곳이 사라져 버리는 대신 야생 식물과 목초, 크고 작은 나무들로 채워지기를 바랐다.

1999년 마침내 지역 주민과 도시 전문가들은 '하이라인의 친구들the non-profit Friends of the High Line'이라는 비영리 단체를 결성하고 많은 인근 공동체들과 뜻을 모아 고물 철로 위에 보행자를 위한 하이라인 공원Highline Park 만들기에 나섰다. 당시의 뉴욕 시장과 시의원들의 부단한 노력으로 2004년에 이르러서는 재정을 마련하는 데 성공하고 사업에 착수하여, 2009년 6월 8일 드디

1 1. 스탠다드 호텔과 하이라인

2 2, 3. 자연스럽게 영상물의 효과를 주는 하이라인의 통유리 관람석

3

1 | 2

1, 2. 허드슨강, 엠파이어스테이트 빌딩 등과 어우러진 하이라인 공원

어 철로의 가장 남단 2.33km를 향수가 묻어나는 공원으로 조성하고 일반에게 개장하였다. 철로의 중간 부분은 현재 재개발이 진행 중에 있으며, 북단은 허드슨 강변 공원 조성 내용에 따라 재개발의 여지가 결정될 것이다.

하이라인은 자갈과 콘크리트가 어우러진 보도와 함께, 철길 사이사이를 깊게 자갈로 뿌리 덮개를 얹은 후 풀과 작은 나무들을 심어 옛날 그 철길을 기억하는 방문객들과 맨하탄의 새 명물을 보기 위해 모여드는 이들에게 소통의 통로가 되어 준다. 자연스럽게 자라난 듯 펼쳐져 있는 목초지와 세련되지 않은 모습으로 여기저기 흩어져 있는 수풀들은 210여 종의 식물들과 함께 철길 옆 오솔길을 꾸미고 있고, 철길 곳곳에 놓여 있는 콘크리트 벤치와 바퀴가 달려 기차가 움직이는 듯한 느낌을 주는 목조 벤치들이 재미있다. 장애인들의 보행을 위해 최대한 계단을 줄이고자 계단 끝을 돌아갈 수 있게 마무리한 세심함과 곳곳에 설치되어 있는 엘리베이터, 그리고 깨끗한 화장실은 보행 약자를 위해 섬세하게 배려한 마음을 보여 준다. 한편으로는 허드슨 강

1, 2. 하이라인과 함께 활성을 찾은 지역경제

이 반대편의 뉴저지와 함께 전개되고 있고 또 한편으로는 뉴욕의 상징인 엠파이어 스테이트 빌딩이 빼곡한 맨하탄의 건물들과 섞여 눈에 들어온다. 통유리로 꾸며진 관람석은 하이라인과 함께 흐르고 있는 갠스부트 스트리트Gansevoort st.를 한눈에 볼 수 있게 해 주는데, 길 위에서 하이라인을 올려다보는 입장에서나 하이라인에서 길을 내려다보는 입장에서나 전광판의 영상물을 보는 듯이 생생하다.

늘 질퍽이고 냄새나던 정육 포장 창고들의 내부는 깨끗이 정비가 되어, 겉은 여전히 창고건물이라 할지언정 명품 의류 샵과 고급 브런치 레스토랑으로 재생되어 쇼핑과 주말 브런치를 즐기는 매니아와 관광객들로 활기를 띠고 있다. 하이라인이 위치한 곳 부근에 자리잡고 있던 스탠다드 호텔은 여러 곳

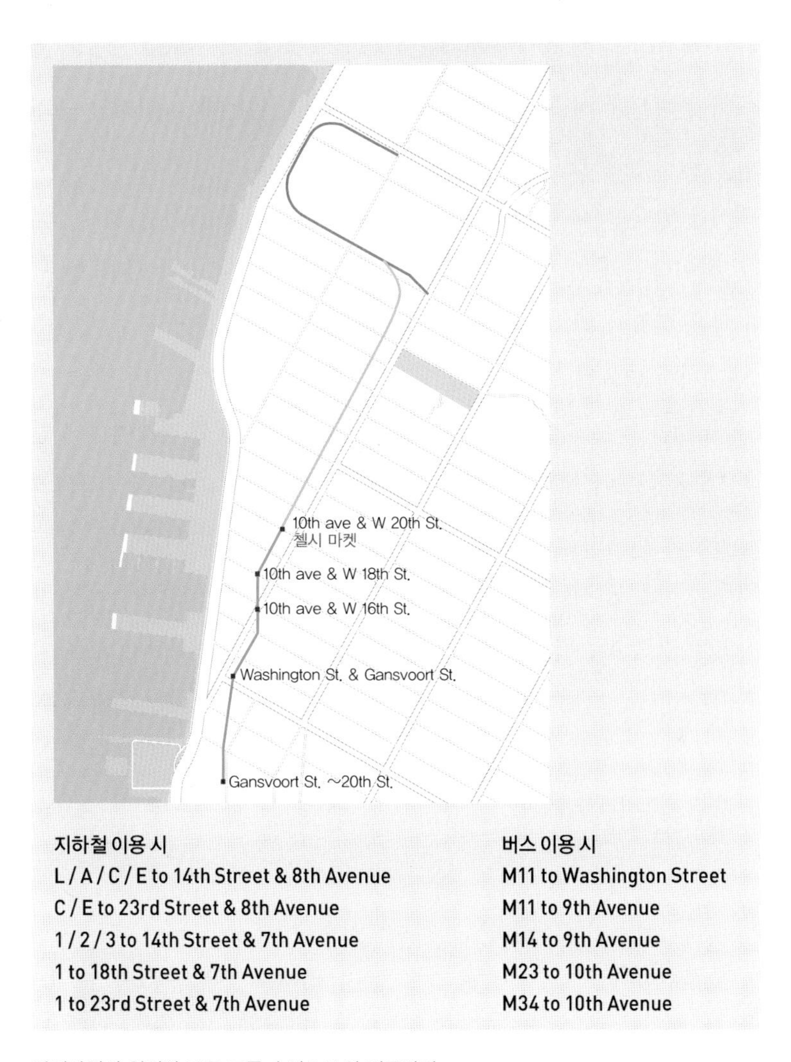

하이라인의 위치와 공공 교통 수단으로의 접근방법

에 브랜치를 두고 있는 특급 호텔임에도 불구하고 원래 이 지역이 갖고 있던 험악한 이미지 때문에 매출에 고전을 면치 못하고 있었는데, 하이라인 공원이 탄생하면서 가장 좋은 위치에서 전면을 다 볼 수 있는 전망으로 인해 호황을 누리게 되었다. 더욱이 아직까지도 재래 시장의 역할을 하는 첼시마켓의 정비는 하이라인과 함께 지역 경제를 활성화시키는 데도 한 몫을 한다. 1890년대 작은 빵집과 커피점이 모여 있던 때부터 1932년 큰 규모로 재건축한 이후 현재까지 변화된 첼시마켓의 시대상이 마켓 안 여기저기에 있고, 직접 담근 피클들이 익은 순서대로 정리되어 있는 모습과 생선 가게에서 직접 끓여 주는 가재 수프며 게살 수프, 전통이 있는 샌드위치 가게, 각양각색의 모습으로 파티를 기다리는 케이크점과 컵케이크들이 하염없이 즐겁다. 우리 동네의 역사적 사물을 지키고 공원이라는 공공매체로 오랫동안 지키고 싶었던 거주자들의 자발적인 의지와, 시정부의 적극적인 지원이 이루어낸 값진 협치의 경관이다.

이자원 성신여대 지리학과 교수

탤러해시,
타잔과 매너티의 도시

탤러해시는 미국 플로리다 주의 주도이다. Tallahasse라고 쓰는 이 낯선 도시의 이름은 19세기까지도 이 지역에 거주했던 세미놀 인디언의 말로 9개의 언덕이 있는 지역이라는 뜻이라고 전해진다. 우리에게는 지난 2000년 미국 대선 때 당시 민주당 대통령 후보였던 엘 고어가 공화당 후보였던 조지 W. 부시에게 득표에서는 앞섰으나 선거인단 수에서 패한 사건으로 친숙한 도시이다. 이런 이유로 2004년 미국 대통령 선거 때 탤러해시는 국제적으로 매우 주목받았고 탤러해시 국제공항에는 각국의 수많은 기자들이 몰려들었다. 그 때 인구 약 40만의 도시 탤러해시의 택시 기사 아저씨들은 간만에 몰려든 손님들 탓에 바쁘셨단다. 2000년도와 2004년도 모두 플로리다 주지사는 조지 W. 부시 후보의 막내 동생인 제프 부시였고 그는 몇 년째 탤러해시에 거주하고 있었다. 플로리다는 2004년 대선에서 공화당에게 표를 몰아 주었지만 탤러해시만은 민주당 후보의 득표율이 압도적이었다.

탤러해시는 매우 조용한 도시이다. 너무 조용해서 잠이 많이 온다는 우스갯소리를 할 정도로 조용하다. 서울 정도의 면적에 인구가 40만 정도이니 그럴 법도 하지만 특별한 산업이 발달한 것이 아니라 교육과 행정을 중심으로 이루어진 도시이기 때문이다. 탤러해시에는 미국 대학들 중 파티 랭킹 1

위의 명예를 늘 지키고 있는 플로리다 주립대학과 명문 흑인 대학 중 하나인 FAMUFlorida Agriculture and Mining University, 그리고 플로리다 주정부가 있다. 탤러해시 주민들은 대부분 이 세 기관과 관련이 있는 학생, 교직원, 주정부 공무원이거나 태양을 쫓아 이주해 온 은퇴자라 할 수 있다.

일년 내내 심심하고 조용하게 살던 학생들과 주민들은 가을 학기가 되면 NCAA 미식축구 명문인 FSU의 경기 일정을 쫓으며 즐거워한다. 홈 경기가 있는 날은 경기를 보기 위해 먼 거리를 달려온 외지인들로 캠핑카 주차장과 숙박시설이 북적대고 경찰들이 나서서 원래 막히는 법이 거의 없는 시내 도로 곳곳을 통제하는 등 야단법석이다. 라이벌인 마이애미와의 경기가 있는 날은 말 그대로 일년 중 가장 떠들썩한 날이다. FSU의 노장 바비 바우덴 감독은 탤러해시에서 가장 유명한 사람이라 할 수 있으며, 입학 당시 기대를 모았으나 성적이 부진했던 쿼터백 학생은 장애인 주차 구역에 차를 세웠다가 탤러해시 전체를 발칵 뒤집어 놓기도 했다.

탤러해시 시가지의 남쪽에 위치한 와쿨라 주립공원은 보통 와쿨라 스프링Wakulla Spring이라고 불리운다. 와쿨라 스프링은 날마다 2억 5천만 갤런의 물이 솟아나는 세계 최대의 샘이라는데, 이 샘에서 와쿨라 강이 발원한다. 탤러해시에 살다 보면 와쿨라 스프링에 자주 가게 된다. 손님이 탤러해시를 방문하게 되면 탤러해시에 사는 이들은 입에 침이 마르게 와쿨라 스프링 자랑을 해댄다. 대개의 경우 도착하고 며칠 안에 와쿨라 스프링을 방문하게 되는데, 그 기대감에 비해 그저 그런 스프링의 겉모습에 실망하고 낡고 초라한 유람선에 실망한다. 그러나 유람선에 승선해서 가이드들의 가슴 벅찬 설명을 듣고 있노라면 어느새 나도 와쿨라가 자랑스러워진다.

매너티, 올랜드 시월드에서 촬영

와쿨라 스프링 주변의 울창한 숲은 예전에 타잔 영화의 배경이 되었단다. 타잔이 나오는 영화 포스터라도 있을 법 하건만 시도 때도 없이 울리는 타잔의 고함 소리 이외에는 기념품도 거의 없다. 대신 우거진 수풀과 치렁치렁한 스패니쉬 무스가 늘어진 나무들, 그 사이를 살짝살짝 돌아다니는 악어들을 보고 있으면 정말 타잔 영화 속에 들어온 듯하다. 그리고 가이드가 감격에 겨워 외쳐대는 수많은 자연 조류들과 새끼 악어들…. 가이드의 감격은 인어의 기원이 되는 동물이라고 여겨지는 매너티에 관한 설명에서 정점을 이룬다. 세계적인 희귀 수중 동물인 매너티들은 와쿨라 강을 거슬러 올라와 와쿨라 스프링에서 일년의 몇 개월을 지낸다고 한다. 작년에는 몇 마리, 올해는 몇 마리 하면서 가이드는 그 수가 수를 꼽는 순간, 와쿨라 스프링의 진초

록색 물 사이로 허연 매너티 두 마리가 스륵 지나가는 광경은 정말 가슴이 짜릿해지는 것이었다. 집에서 차를 타고 20분이면 도착하는 작은 샘에 매너티가 산다는 건 서울에서 나고 자란 나에게는 너무 신기한 일이었다.

와쿨라 스프링 주변의 아열대 우림 뿐 아니라 탤러해시에는 매우 다양한 생명들이 산다. 때문에 매우 시원해 보이는 강이나 바다에도 함부로 들어갈 수 없는데, 악어가 자주 출현하기 때문이다. 우리나라에 게토레이라고 알려진 음료는 탤러해시에서 1시간 정도 떨어진 곳에 위치한 플로리다 대학에서 개발한 악어의 음료, 즉 게이터 에이드Gator Ade이다. 그 학교의 상징이 게이터 종 악어이다. 신기하게도 그 동네 사람들은 게이터와 크로크다일의 얼굴만 봐도 잘 구별해 내었다. 탤러해시의 주요 대학 중의 하나인 FAMU의 상징은 주황색과 초록색의 대형 구렁이이다. 구렁이는 아니더라도 동네를 산책하다 보면 조그만 뱀이 사람과 맞닥뜨리고서는 당황해 하는 것을 볼 수 있다. 로드킬을 당한 아르마딜로, 가끔 집안에서 돌아다니는 도마뱀을 보고 있으면 정말 신기하기까지 하다. 하지만 자연이 인간에게 완전하게 우호적인 것만은 아니라는 생각이 드는 경우가 있는데, 그 중 하나가 알레르기이다. 탤러해시의 별명은 알레르기 캐피탈로, 이 곳에서 태어나는 아이들은 알레르기가 있을 확률이 매우 높고, 알레르기가 없던 사람들도 이 곳에서 살다 보면 없던 알레르기도 생긴다. 일년 내내 벌여야 하는 곰팡이와의 전쟁도 너무 자연적인 환경에 대한 댓가라고 한다.

탤러해시에 살다 보면 뜻하지 않은 지인들의 전화를 받게 된다. 대개의 경우 이번에 플로리다에서 열리는 학회나 회의에 참석하는데, 들러도 되겠느냐는 내용이다. 맨 처음에는 같이 반가워하는데, 나중에는 심드렁하게 묻게

겨울의 와쿨라

된다. 대부분의 경우 지인들의 볼 일은 마이애미에서 있게 되는데 탤러해시에서 마이애미는 부지런히 가면 차로 아홉 시간 정도 걸린다. 플로리다 반도의 크기와 모양은 좌우로 뒤집힌 한반도와 비슷한데, 탤러해시가 신의주 정도에 있다면, 서울쯤에 디즈니월드의 도시 올랜도가, 그리고 부산쯤에 마이애미가 위치한다 할 수 있다. 그래서인지 탤러해시는 마이애미 하면 떠오르는 라틴계 주민들이나 화려한 시가지, 정열적이고 시끌벅적한 분위기와는 전혀 동떨어진 또 다른 플로리다이다.

김희순 서울대 라틴아메리카연구소 HK연구교수

샌프란시스코의 북쪽 구릉지 경관

샌프란시스코의 여름보다 더 추운 겨울은 없다

서울과 거의 같은 위도에 있는 도시인 샌프란시스코 일대는 북서-남동 주향의 단층선이 평행하게 열을 이루며 분포하므로 구조적으로 매우 불안정하다. 1906년에 발생한 대지진으로 도시는 대부분 파괴되었지만, 현재 캘리포니아 북부 지역의 중심지 역할을 하고 있다. 이 도시의 서쪽에는 태평양이 위치하고, 동쪽에는 샌프란시스코 만이 있다. 샌프란시스코 만은 바다와는 좁은 해협으로 연결되지만, 남-북 방향으로 달리는 단층선의 곡을 따라 폭이 넓고 길게 형성되어 있다. 샌프란시스코 만을 중심으로 남쪽에는 유명한 스탠포드 대학, 그리고 실리콘 밸리의 중심인 산호세San Jose가 있다. 샌프란시스코에서 만을 건너는 다리인 베이브릿지Bay Bridge 대안에는 오클랜드Oakland와 버클리Berkeley가 있는데, 이들 지역을 통틀어서 내만 구역Bay Area이라고 부른다.

구릉지로 이루어진 샌프란시스코의 북쪽 시가지 경관

오클랜드는 공업 지역으로서 프로 야구팀의 본거지이다. 버클리는 캘리포니아 주립대학 가운데 가장 먼저 개교한 버클리 대학U.C. Berkeley이 위치한다. 1960년 미국을 휩쓴 학생 운동의 진원지로서 미국 내에서도 가장 자유로운 학풍을 가진 대학으로 유명하다. 이 학교의 표시는 CAL이다. 2차 세계 대전 이후 아시아에 대한 많은 자료가 이곳으로 옮겨와 미국에서도 아시아학의 중심이 되며 학생 가운데 아시아계가 많아서 이채롭다. 샌프란시스코의 시내는 대부분 일방통행이지만 가로 구조는 바둑판과 같은 직교형이다. 도시가 평원에 입지하지 않고 해안을 제외하면 대부분 구릉지이므로 오르막과 내리막이 많다. 따라서 자동차를 타는 것보다 천천히 걸어 다니는 편이 바다

1. 금문교가 보이는 샌프란시스코 북쪽 해안
2. 샌프란시스코의 차이나타운

와 내만 구역을 포함한 다양한 경관을 즐기기에 좋다.

대중교통은 버스와 전철 외에도 케이블카가 있어서 관광객들에게 잊지 못할 추억을 남긴다. 케이블카는 도시 중심부(CBD), 북쪽 해안의 어항 Fishermans wharf, 그리고 북동쪽 해안을 통과하는데 타고 가면서 경관을 즐기는 재미가 있다. 이 외에 종점에서 방향을 바꾸는 것이나 운전하는 방식이 과거 초기 케이블카의 형식 그대로 모두 사람의 힘으로 이루어지므로 재미있는

1 2 **1.** 남쪽으로 샌프란시스코 시가지가 보이는 샌프란시스코 북쪽 부두

2. 부두와 바다사자

볼거리를 제공한다.

샌프란시스코에서 가장 이채로운 것 가운데 하나는 봄에 열리는 게이 축제이다. 자유로운 도시답게 다양성을 존중하고 사회적 소수자들의 권리에 대해서도 관심을 가지는 사람들의 사고를 엿볼 수 있다. 전 세계에서 몰려든 게이들이 퍼레이드를 하고 많은 관광객들과 함께 즐기는 것이다.

지중해성 기후 지역에 속하는 샌프란시스코는 여름에는 건조하지만 겨울에는 2달 내외의 우기가 나타난다. 그러나 한류가 흐르는 편서풍지역이므로 도시의 서쪽으로부터 차가운 공기가 밀려오면 안개가 생기고, 여름일지라고 기온이 급격하게 하강한다. 거기에다가 바람이라도 불면 겨울보다도 더 추운 체감온도를 경험하게 된다. 유명한 소설가인 마크 트웨인은 "샌프란시스코의 여름보다 추운 겨울을 겪은 적이 없다"는 유명한 일화를 남겼는데, 미국 동부의 무더운 날씨를 생각하고 가벼운 옷차림으로 이 도시에 온 방문객들이 공감하는 표현이다. 특히 이 도시를 유명하게 한 금문교Golden Gate Bridge는 샌프란시스코 만의 입구를 남북으로 가로지르는 태평양에 면하여 있는데, 다리를 건너려는 사람들이 여름에도 센 바람과 추위 때문에 다리를 건너기를 포기하는 경우도 있다.

금문교에는 중국 노동자들의 피와 땀이 배어 있다. 그래서 미국에서 가장 큰 차이나타운China Town이 시내에 위치하고 접근성도 좋다. 한자로 쓴 간판, 중국을 옮겨온 듯한 식료품 가게와 식당, 상점에 가득한 중국풍의 상품은 많은 관광객을 끌어들인다.

관광객들은 북쪽 해안의 항구Fishermans Wharf에서 게와 새우 등 해산물로 만든 길거리 음식과 다양한 볼거리를 즐긴다. 특히 39번 부두Pier 39에서는 샌프란시스코 만의 전망과 햇빛을 쪼이는 바다사자들, 그리고 쇼핑도 즐기는 관광객들로 늘상 만원이다. 이 외에 해안을 따라 산책한다면 북쪽으로 알 카트라즈Alcatraz 섬을 보면서 죄수들이 수감된 감옥이 있었던 역사적 배경을 떠올리며 다양한 경관을 느낄 수 있다.

선선하고 맑은 날이 계속되는 샌프란시스코의 여름에는 내만 구역뿐 아니라 주변의 포도주 생산지인 나파 밸리Napa valley와 남쪽으로 인접한 몬터레이Monterey, 그리고 요세미티Yosemite National Park로 가는 출발지이기도 하여 관광버스가 늘 대기한다.

윤순옥 경희대 지리학과 교수

트롤리에서 내려 국경을 통과하려는 사람들

북미와 중미의 환승역, 샌디에이고 샌이시드로 역

실질적인 국경선이 없이 살고 있는 우리에게 국경선에 대한 이미지는 소통보다는 단절이 더욱 강하다. 실제로 국경선은 국가 대 국가의 행정적 경계이므로 일상생활의 많은 부분이 그 곳에서 멈추게 된다. 그러나 샌디에이고San Diego의 샌이시드로San Ysidro 역에서는 국경을 사이에 두고 일어나는 일상의 소통을 볼 수 있다.

캘리포니아 남단의 군사 도시인 샌디에이고는 지중해성 기후와 안정된 치안, 비싼 물가로 인하여 부유한 백인들의 은퇴 도시라 불리우기도 한다. LA에서 샌디에이고로 내려오는 고속도로 주변에는 태평양안을 바라보며 서 있는 수많은 고급 주택들을 볼 수 있다. 19세기 중반까지 멕시코령에 속하였던 샌디에이고는 오랜 역사를 지닌 프레시디오presidio에서 유래하였다. 원어로는 "El Presidio Rea´l de San Diego"(Royal Presidio of San Diego)라고 쓰는 이곳은 1769년 스페인인들에 의해 세워졌으며 유럽인에 의해 태평양안에 세워진 최초의 영구 주거지였다. 이후 이 지역의 선교 중심지가 들어서면서 샌디에이고 프레시디오는 스페인의 캘리포니아 지역에 대한 지배 거점으로서의 역할을 하였으며 미-멕 전쟁으로 현재의 국경선이 정해진 이후 군사적 기능이 부각되었다. 현재는 퀄컴 본사가 CDMA 기술을 바탕으로 크게 성장하면서 지역경제의 중심적인 역할을 하고 있으며, 캘리포니아 대학교 샌디에이고(UCSD)의 메디컬 센터를 기반으로 라호이아La Jolla의 토리 파인즈Torrey Pines 지역에 많은 연구소들이 위치하여 생명 공학 특화 지역을 형성하고 있다. 이러한 역사적, 경제적 특성으로 인해 샌디에이고는 티후아나Tijuana와 국경을 맞대고 있으나 미-멕 국경지대의 여느 도시들과는 상이한 도시 경관이 나타난다.

샌디에이고의 쌍둥이 도시인 티후아나는 본래 미국인 관광객을 대상으로 발달한 관광 도시이다. 1930년대 미국의 금주법 시행에 힘입어 국경 지역의 대표적인 유흥 도시로 발달하였으며 1933년 엔세나다Ensenada와 함께 자유무역지구가 설치될 정도로 미국과의 교류가 활발한 지역이기도 했다. 또한 샌디에이고 및 로스앤젤레스 등 캘리포니아 남부 대도시와의 높은 접근성으로 인해 미국으로의 이민을 희망하는 노동자들이 가장 많이 모여드는 도시이기도 하다.

샌디에이고는 대중교통수단이 잘 발달되어 있어 관광객은 물론 주민들이 매우 편리하게 이용할 수 있다. 1일 교통 패스를 구입하면 하루 종일 수많

1 | 2 1. 샌이시드로 역 경관 2. 미–멕 출입국 통제소

은 버스 노선과 3개의 트롤리 노선을 갈아탈 수 있다. 구 시가지에서부터 샌이시드로 역까지 샌디에이고 시가지를 남북으로 가로지르는 블루 라인Blue Line을 타면 샌디에이고 공항, 시내 중심부, 샌디에이고 파드리스San Diego Padres의 홈구장인 펫코 파크Petco Park, 해군 기지 등을 거쳐 멕시코와의 국경 지대이자 종점인 샌이시드로 역에 도착할 수 있다. 해안가에 나타나던 고급 주택들과 다운타운의 멋진 건물들은 펫코 파크를 기점으로 사라지고 대신 비교적 한산하고 빈곤한 시가지가 펼쳐진다.

샌이시드로 역은 멕시코 소도시의 버스 터미널을 연상시키며 우리나라 소읍의 버스 터미널과도 비슷하다. 트롤리 정차 지점 주변으로 맥도널드와 잡다한 물건을 파는 상점들 사이에 환전소가 위치한 점 이외에는 국경을 상징하는 철조망도, 군인도 없어서 얼핏 보기에는 여느 한적한 버스 터미널 같

샌이시드로 역을 떠나 티후아나로 가는 버스

다. 맥도널드 안에 여행 가방을 파는 가게와 사서함 서비스를 제공하는 우체국이 있는 것이 다른 지역과 조금 다를 뿐이며 트롤리와 정면으로 위치한 베이지색 건물, 즉 출입국 통제소 바로 옆 골목에 서 있는 밴에는 멕시코 연방경찰이 탑승하고 있다 가끔 내려서 맨손 체조를 하고 다시 타는 것을 볼 수 있다. 샌이시드로 역을 향해 내려오다 측면으로 꺾인 도로에는 수많은 차들이 내려가고 올라가고 있다. 이들 또한 국경을 건너는 것이다. 특히 미국에서 멕시코로 들어가는 경우, 별다른 제재 없이 들어가게 되므로 샌디에이고에서는 길을 잘못 들면 멕시코까지 가게 된다고 한다.

샌이시드로 역에 트롤리가 서면 버스를 타고 다른 지역으로 가는 사람들도 있지만, 대다수의 승객들은 내려서 우리의 시골 버스터미널처럼 생긴 출입국 통제소로 들어간다. 사람들의 표정에서는 우리가 국경이라는 단어에서 연상하는 긴장감은 찾아볼 수가 없다. 일상생활에 필요한 상품이 든 비닐 봉지를 들고, 가방을 들고 자연스레 출입국 통제소로 향한다. 그곳을 통과하면 멕시코이다. 미국에서 쇼핑한 물건들을 든 사람들이 건물 안으로 들어가고 나면 하나 둘씩 사람들이 다시 그 건물에서 나와 트롤리에 오른다. 방금 멕시코에서 건너온 사람들이다.

멕시코 티후아나로 가는 빨간색 버스가 트롤리 옆에 서 있다 방향을 돌려 나가고, 시간에 맞추어 버스들이 역에 들어와 승객들을 샌디에이고 곳곳으로 실어 나른다. 샌이시드로에서 다운타운으로 향하는 트롤리 노선은 새벽 4시 44분에 첫차가 출발한다. 약 15분 간격으로 운행되는 트롤리는 새벽 1시가 다 되어야 운행을 마친다. 샌이시드로 역은 국경을 넘어, 혹은 국경 지대 근처에 거주하면서 다운타운으로 출퇴근하는 사람들이 이용하는 일종의 환승역 역할을 하고 있었다.

김희순 서울대 라틴아메리카연구소 HK연구교수

Travel 15

라틴아메리카, 사라진 문명에 대처하는 그들의 자세

멕시코에서 타코를 먹는다는 것은

한국에서 흔히 말하기를, 어딜 가서 시켜도 손해 보지 않을 만한 음식이 비빔밥과 자장면이란다. 손해 보지 않는다 함은, 그날 운이 좋으면 정말 기가 막힌 비빔밥과 자장면을 맛볼 수 있을 것이고, 설령 그날 운이 없었다 치더라도 시킨 값에 비해 크게 손해 보지 않고 그럭저럭 한 끼 먹을 만하다는 의미인 듯 싶다. 게다가 누구나 좋아할 뿐 아니라 쉽게 먹을 수 있으며, 맛 또한 그만큼 평준화되어 있다는 말이기도 할 것이다. 멕시코에서 한국의 비빔밥이나 자장면과 같은 음식이 무엇일까 생각해 본다면 단연 타코Taco가 아닐까 싶다. 멕시코 전역 어딜 가도 반드시 있는 음식이다. 저렴한 가격과 언제 어디서든 한끼를 때울 수 있다는 점, 그리고 멕시코인들이 타코에 대해 갖는 애정과 자부심을 감안하면 한국의 자장면이나 비빔밥하고 닮은 점이 많다.

타코를 먹을 때마다 드는 생각은, 만약 타코가 혼자였다면 얼마나 그 맛이 밍밍하고 퍽퍽했을까 하는 점이다. 타코의 맛을 완벽하게 살리는, 맛을 살리다 못해 타코 중독으로 이끌고 가는 2인조가 있으니 바로 온갖 종류의 맛을 내는 살사salsa와 살사에 젖은 타코의 매운 맛을 무어라 형용할 수 없는 경지로 이끌어 주는 코카콜라다.

멕시코에서 타코는 아무래도 저녁 음식이다. 어스름 해가 지기 시작하면 동네 어귀마다 타코 수레들이 백열등을 밝히기 시작한다. 그리고 수레 한 편에서는 어김없이 고기들을 구워낼 화덕이 달궈진다. 인심 좋아 보이는 통통한 주인장은 잘 구워진 고기를 커다란 통나무 도마 위에 놓고 열심히 다져 내고, 또 다른 한편에서는 기가 막힌 솜씨로 타코의 주 재료인 토르티야를 구워 낸다.

타코는 종류가 참 다양하기도 하다. 처음 타코를 맛보려는 사람이라면, 타코를 주문하기가 안되는 언어로 프랑스 풀코스 요리를 주문하는 것보다 더 어렵다고 느낄지도 모르겠다. 아무리 작은 타코 수레라 하더라도 일단 고기 부위에 따라 타코 종류 네다섯 가지는 기본으로 준비한다. 여기서 고기 부위 종류가 문젠데…. 이름이 참으로 리얼하다. 고기의 어떤 부위가 들어가는가에 따라 '머리 타코', '혀 타코', '곱창 타코', '돼지 껍데기 타코' 등인데, 이 정도는 아주 기본 축에 든다. 종류가 많다 싶으면 '눈 타코', '뺨 타코', '발 타코', '심장 타코' 등등…. 순간 이걸 먹어야 되나, 혹은 먹을 수 있을까 하는 고민이 바짝 드는 건 어쩔 수 없는 일이지 싶다.

무엇보다도 압권인 것은 '눈 타코'…. 처음 타코 집 메뉴판에서 이 글자를 보았을 때, '눈 타코'를 시키면 동글동글한 눈이 잘 구워진 토르티야 위에서 데굴데굴 굴러다닐 줄 알았다. 그래서 아주 엽기적인 음식이라 생각하고 메뉴판 앞에서 경악하고 있는데, 얼핏 옆 사람들 시켜 먹는 것을 보니 그냥 고기 같아 보인다. 물으니 눈동자가 아니라 눈 주위에 있는 살이란다. 아주 연하고 맛이 있다나…. 그럼 차라리 머리 타코 혹은 뺨 타코에 포함을 시킬 일이지, 왜 굳이 눈 타코라 하는 것인지 모르겠다. 눈 타코 혹은 뺨 타코에 대한 이유 모를 공포감은 한국인인 나만의 생각인 것인지…. 여기 사람들은

1. 양념에 잘 재워진 고기를 켜켜이 쌓아 화덕 앞에 돌려가며 구워낸 후 겉쪽에 익은 고기를 얇게 썰어 낸다.

2. 화덕에 구워진 후 얇게 썰린 고기를 토르티야에 담아 낸다. 토르티야로 고기를 집는 시간은 대략 0.5초. 손이 보이지 않을 정도의 속도다.

토르티야에 담긴 고기 위에 기본 야채라 할 수 있는 다진 양파와 실란트로(우리나라의 고수풀)가 얹어진 모습. 보통 그 위에 삶은 프리홀(팥 색깔이 나는 콩의 일종)이나 잘게 썬 양상추 등을 얹고 마음에 드는 살사를 뿌린 후 라임 즙 서너 방울을 떨어뜨리면 타코가 완성된다.

남녀노소를 불문하고 눈 타코, 혀 타코, 심장 타코까지 아주 잘 시켜 먹는다.

하여간, 타코를 주문하면 주인장이 재빠른 솜씨로 주문한 부위의 고기를 도끼인지 칼인지 도무지 구분할 수 없는 연장으로 잘게 썰어 갓 구워진 토르티야 위에 얹어 손님한테 넘겨 준다. 여기까지가 주인장의 몫이고 타코 공정의 전 단계로 치자면, 기본 단계 완성이다. 이제부터는 옵션이고 이는 100% 손님 몫이다. 옵션의 주 재료는 바로 살사다. 어찌 보면 타코에 들어가는 고기 자체보다도 어느 집이 살사를 더 맛깔스럽게 만들어 내는가에 따라 타코 맛이 좌우되는 것 같기도 하다. 살사의 구분은 크게 녹색과 붉은색이다. 이제 막 나무에 달리기 시작하는 덜 익은 녹색 토마토가 주재료가 되면

녹색 살사가 나오고, 완숙하게 익은 붉은 토마토가 주재료가 되면 붉은색 살사가 나온다. 타코가 아니고서라도 어떤 음식을 먹든지 살사 없이 멕시코 음식을 먹는다는 것은 상상을 할 수 없는 상황이고 보니, 우리나라에서라면 야채 혹은 과일처럼 먹는 토마토가 이곳 멕시코에서는 아주 중요한 찬거리인 셈이다.

살사를 만드는 방법은 의외로 간단하다. 일단 붉은 토마토가 되었든, 녹색 토마토가 되었든, 화덕 위에 올려 놓고 잘 굽는다. 물론 멕시코 음식에서라면 절대 빠질 수 없는 매운 맛을 내기 위한 온갖 다양한 종류의 고추도 함께 말이다. 토마토가 잘 구워졌다 싶으면, 그 토마토를 꺼내 역시나 잘 구워진 고추와 함께 돌확에 으깨어 갈면 된다. 참 간단해 보이는 과정인 것 같은데도 살사의 맛이 각 타코 집마다 다른 것은 아마도 우리나라 그 어떤 며느리도 모른다는, 말로는 설명이 불가능한 음식계의 영원한 알파, 각 집 주인장의 비밀스런 손맛 때문이 아닐까 싶다.

하여간 주인장이 만들어 준 기본 타코에 서너 가지 종류의 살사를 끼얹고, 그 위에 덤으로 얻은 잘 구워진 양파까지 얹어 놓고 보면, 도대체 어떻게 미국 사람들은 그들의 패스트푸드 체인 중 하나인 타코 벨Taco bell에서 판매하는 타코를 그저 타코라 믿으며 먹을 수 있는 것일까 하는 의문이 강하게 밀려올 뿐이다. 그나마 그러한 의문의 시간도 잠시, 살사와 어우러진 육즙이 줄줄 흐르는 타코를 먹고 있노라면, 그저 아무런 생각도 들지 않는 무아지경이다.

사실 처음 타코를 먹던 때는 맛을 제대로 느끼기보다는 도무지 토르티야 한 장에 그리도 많은 고기와 살사, 그리고 온갖 종류의 곁다리 야채까지 담아서 어떻게 하면 흘리지 않고 잘 먹을 수 있을까 하는 고민에 바빴던 것 같다. 이곳에서 나고 자란 사람들은 그저 손가락 몇 개만 살사와 육즙에 살짝 젖을 뿐인데, 나는 언제나 열 손가락은 물론이요 손바닥 전체에 흥건히 살사와 육즙이 흘렀으니 참으로 타코 먹기가 쉬운 일만은 아니었다. 다 먹고 난 후 손가락 몇 개 쪽 빨아 먹으면 깔끔하게 마무리되는 이곳 친구들에게 어찌 그리 타코를 잘 먹을 수 있는지 그 비법을 물으면 답이 늘 한결같았다.

"오직 연습뿐!"

오늘 먹고 내일 먹어도 또 먹고 싶은 것이 타코인지라, 연습이 자동적으로 되다 보니 이제 타코를 먹고 나도 손에 별다른 흔적이 없다. 타코를 먹을 때마다 살사와 육즙의 그 오묘하고 신령스런 조화 때문인지, 타코를 먹을 때만큼은 세상 근심이 다 사라지는 기분이라니…. 한때는 혹시 타코에 마약을 약간 섞는 것은 아닐까 하는 생각을 했을 정도로 타코를 먹는 동안에는 세상의 근심 걱정이 다 사라지는 것 같다. 그만큼 참으로 맛있는 음식인 것 같다.

멕시코에 살다 보니 이들이 느끼는 행복 지수가 세계 수위권이라는 사실이 도무지 믿어지지가 않는데, 여전히 수위권이라는 결과를 매년 접하게 된다. 한국에 비한다면 느리고 부족한 것이 참 많지만, 밤이면 밤마다 백열전구를 밝히고 동네 어귀마다 들어서는 타코 수레와 그 타코 수레에 가족끼리 모여 하하하 호호호 늦은 저녁을 먹는 모습을 보면 '삶이 대수랴…. 그래, 행복할 만도 하겠다' 하는 생각이 들기도 한다.

임수진 멕시코 콜리마 대학 교수

멕시코시티에는 리베라와 칼로의 예술이 있다

열대 고산 지대로 사람이 살기에 적합한 기후를 가진 멕시코 고원은 예로부터 거주지로 선호하던 곳이다. 멕시코시티에서 북동쪽으로 52km 가면 도달하는 태양과 달의 피라미드, 즉 테오티우아칸 문화가 기원전에 성립되어 7세기 중엽 붕괴한 후 톨텍, 아즈텍 문명이 테스코코 호반에 자리잡게 되었다. 아즈텍 족은 이 호수의 섬인 테노치티틀란에 수도를 세웠다. 이후 1521년 에 스파냐 장군 코르테스의 정복으로 이 도시는 폐허가 되었고, 그 위에 에스파냐에 의해 멕시코시티가 건설되었으며 간척 공사로 호수는 본토와 연결되었다. 이러한 식민지 지배의 영향으로 도시는 소칼로Zocalo 광장을 중심으로 장방형의 도로로 이루어진 도시 구조를 이루고 있으며 바로크 양식의 건물과 넓은 공원 등이 있다.

멕시코시티 하면 범죄와 가난, 오염과 인구·교통 문제 등이 주로 알려져 있다. 하지만 실제로 멕시코시티에 가 보면 사람들도 친절하거니와, 무엇보다 이곳이 역사적 유적과 예술의 도시임을 확인할 수 있다. 중심지인 소칼로 광장 전면에는 대성당이 있고 양쪽에는 각각 대통령 청사와 시청, 다른 한편에는 상가들이 즐비하게 늘어서 있다. 광장과 대성당, 북적거리는 사람들, 스페인 양식의 건물들, 거리에서 파는 맛난 타코, 이것이 내가 느낀 멕시코시티의 첫인상이었다.

1 | 2 1. 템플로 마요르의 모습 2. 리베라의 그림

대통령 청사가 위치한 쪽 뒤편에는 템플로 마요르Templo Mayor가 있는데 14, 15세기 아즈텍 문명이 건설한 사원으로 1979년 수도 공사 중에 우연히 발견되었다고 한다. 템플로 마요르 유적지의 특징은 단계별로 다르게 건축되어서 이것이 포개진 상태로 있다는 것이다. 예를 들어, 피라미드 중 하나는 피라미드 위에 피라미드가 세워져 있는 구조로 만들어져 있다니 그저 놀라울 따름이다. 노상으로 드러난 유적의 부분마다 다양한 구조물과 사원이 있는데 추정 건설 시기 또한 다르다고 한다. 이러한 복잡성과 거대한 구조 때문인지 내가 방문했었던 2005년 당시에도 현장은 계속 발굴 중이었다. 노상으로 드러난 유적지 바로 옆에는 박물관을 마련해 많은 유물을 전시하고 있는데 아즈텍의 화려한 문명의 일면을 엿볼 수 있었다. 좀 더 과거의 역사를 느끼고 싶다면 레포르마 길Paseo de la Reforma을 따라가면 된다. 차풀테펙Chapultepec 공원에는 멕시코가 자랑하는 인류학 박물관과 역사 박물관이 있는데 아즈텍 문명의 역사와 식민지 시대의 역사 유물을 전시하고 있다.

멕시코시티는 풍부한 역사의 도시이기도 하지만 예술 문화의 도시이기도 해 방문한 사람에게 적잖은 기쁨을 준다. 멕시코시티에서 가장 하고 싶었던 것 중 하나는 리베라의 벽화를 직접 보는 것이었다. 멕시코의 벽화 운동은 식민지 독립 후 1920년에서 1970년에 걸쳐 이루어진 대중 혁명 예술 운동으로서 멕시코 민족 문화를 계승하여 이를 대중에게 전달하기 위함이었다. 대표적인 화가인 디에고 리베라의 그림은 멕시코시티의 여기저기에서 발견할 수 있다. 대표적인 곳은 디에고 리베라 벽화 박물관, 소칼로에 위치한 대통령 청사와 소칼로의 북동쪽에 있는 교육부 건물이다. 리베라는 미국의 초청을 받아 샌프란시스코 증권거래소의 벽화를 그리기도 했다. 이후 뉴욕 록펠러 센터에도 그의 벽화를 설치하려고 했으나 그가 그린 〈십자가의 사람〉이라는 작품에 레닌의 초상화가 포함되어 있어 결국 설치를 못하게 되었다는 이야기는 아주 유명하다. 리베라의 부인은 유명한 초현실주의 화가로 몇 년 전 영화로도 제작된 프리다 칼로인데 리베라와 칼로가 살던 멕시코시티의 교외지역인 코요아칸Coyoacan도 아름다운 곳이다. 리베라와 칼로가 살던 집은 지금은 박물관으로 쓰이고 있는데 그들의 삶을 엿볼 수 있는 좋은 곳이지만 정작 그들의 그림을 볼 수는 없다. 이혼과 재결합 후 프리다는 블루하우스에 머물다 사망했는데 건물과 정원이 파란색으로 칠해져 있어 독특하다.

역사와 문화, 예술이 어우러진 멕시코시티는 며칠을 머물러도 볼 것이 너무나 많은 아주 매력적인 곳으로 이미지가 재각인되어 언제든 다시 한번 가보고픈 곳이다.

김숙진 건국대 지리학과 교수

몬테알반 유적의 모습

오악사카, 초콜릿 고추 소스의 알싸한 맛이 인상적인 역사 도시

"멕시코에서 꼭 가봐야 할 곳은 어디입니까?" 내가 멕시코시티에서 만난 사람들에게 물어본 질문이다. 현지인들의 대답은 하나같이 "오악사카로 가보라"였다. 아직까지 우리들에게 낯선 지역, 오악사카Oaxaca의 매력은 무엇일까? 오악사카는 도시 자체가 스페인 식민지 시절의 모습을 그대로 간직하고 있다. 주위에는 몬테알반과 미틀라 유적지가 있는 데다 멕시코에서 원주민의 인구비율이 가장 높은 지역으로 민족의상과 민예품 등 원주민 문화, 고대문화, 식민지 문화가 그대로 남아 있는 곳이다.

멕시코시티에서 버스를 타고 5~6시간 가면 멕시코 남부에 위치한 오악사카로 갈 수 있다. 오악사카 주는 동쪽으로는 치아파스 주, 서쪽으로는 과나후아토 주, 북쪽으로는 푸에블라 주와 베라크루스 주, 남쪽으로는 태평양과 테우안테펙만과 접한 해발 고도 1,545m에 자리잡고 있다. 오악사카라는 도시 자체는 아즈텍 문명이라는 독자적 문명을 키웠던 아즈텍 족이 남방으로 이동하여 1486년 요새로 건설하였다가 이후 1512년 에스파냐군에게 점령된 지역이다. 그래서 이 도시에서는 스페인 식민지 시대에 들어선 계획 도시 구조와 건축물을 관찰할 수 있다. 멕시코의 다른 도시들과 마찬가지로 스페인 식민 지배의 영향을 받아 오악사카 역시 중앙에 소칼로라는 광장을 중심으로 장방형의 도로로 구성된 도시 구조를 나타낸다. 아담한 광장 크기에 도시 규모도 그렇게 크지는 않으나 광장에는 오악사카 성당이 그 위엄을 자랑하고 있고, 알칼라 거리는 관광객의 통행이 가장 많은 길로 스페인 스타일의 건축물과 가게들이 즐비하다.

북쪽으로 몇 블럭 조금 더 올라가면 다시 조그만 광장이 나오고 산토 도밍고 성당church of Santo Domingo을 볼 수 있다. 산토 도밍고 성당은 1572년에 시공해 무려 200년 만에 완공된 바로크 양식의 건물로 양쪽에 늘어선 종탑이 멋스럽다. 내부는 화려한 금장식으로 되어 있는데 나의 시선을 끈 것은 천장에 그려진 도미니크 왕족의 가계도였다. 접근성도 떨어지는 이 소도시에 도미니크 왕족의 몇 대에 걸친 가계도가 버젓이 있으니 약간은 씁쓸하기도 하지만 장소란 역사의 겹쳐짐이 고스란히 배태되어 남아 있는 것이니 이 또한 오악사카라는 장소성을 만들고 있는 것이다. 산토 도밍고 성당 바로 옆 건물은 현재 박물관으로 쓰이는 정복자 에르난 코르테스가 살던 저택으로 고고학적 유물과 에스파냐 정복 이전 시대의 예술 작품을 전시하고 있고, 또

산토 도밍고 성당

내부에 식물원도 있어 선인장과 오악사카 지역의 명물인 메스칼이라는 술의 재료인 마게이 같은 다양한 식물도 보며 한가로운 오악사카에서의 한때를 보낼 수 있다. 또한 이 지역의 레스토랑은 옛 스페인의 저택을 개량해 만들었기 때문에 아름다운 스페인 저택의 향기를 느끼며 멕시코 음식의 맛을 보는 문화의 혼종성을 온 몸으로 느낄 수 있다.

오악사카에는 식민지의 흔적 외에도 다수의 원주민(인디오)이 살아서 재래 시장을 가보면 멕시코 전통의 삶을 엿볼 수 있다. 이름 모를 향신료와 말린 야채, 고추, 그리고 사람들로 가득찬 재래 시장은 오악사카의 맛과 문화를 그대로 보여 준다. 또한 빼놓을 수 없는 것은 재래 시장 식당에서 맛보

1. 몰레 2. 틀라유다

는 열대 과일 주스와 몰레이다. 몰레Mole는 오악사카의 대표적인 음식으로 매운 고추와 초콜릿을 사용한 소스가 그 종류에 따라 독특하고도 다양한 맛을 내는 음식이다. 다른 곳에선 맛볼 수 없는 틀라유다Tlayuda 역시 오악사카만의 음식이다. 피자처럼 토르티야에 토마토, 아보카도, 양파 등의 야채와 고기, 치즈 등을 얹어서 먹는데 타코와는 또 다른 맛이다.

오악사카에서 서쪽으로 10km 떨어진 몬테알반에는 고대 사포텍 문화와 믹스텍 문화 유적들이 남아 있다. 사포텍 문화는 몬테알반 유적을 중심으로 기원전 7세기 무렵 올멕 문화의 영향을 받으면서 생겨났으며 사포텍 족이 기원후 1000여 년 동안 살다가 떠난 뒤 1200년경 믹스텍 족이 이주해와 15세기 아즈텍족에게 정복당하기 전까지 정치적 주도권을 잡았다. 오악사카에서 남동쪽으로 40km 떨어진 미틀라Mitla는 사포텍 족이 몬테알반을 떠난 후 제사장들이 살았던 주거 유적으로 벽에 새겨진 기하하적인 독특한 문양이 아

몬테알반 유적

주 유명하다. 몬테알반과 오악사카의 시가지, 교회 건물 등은 유네스코 세계 문화 유산으로 등재되어 있다.

김숙진 건국대 지리학과 교수

치첸이트사로 간 파바로티, 마이크 없이 노래하다

라틴 아메리카의 고대 문명은 잉카 문명과 마야 문명을 손꼽는다. 물론 잉카 문명이 좀 더 알려져 있지만, 멕시코에는 잉카 문명이 발달하기 훨씬 전부터 아즈텍 문명과 더불어 마야 문명이 꽃피고 있었다. 이 마야 문명의 발상지인 유카탄 반도에는 우리나라의 이민 역사도 깃들여져 있다. 1905년에 처음으로 유카탄 반도의 아카풀코에 1005명의 이민이 도착하여 헤네켄Henequen(마킬라술의 원료) 농장에서 일하였다고 한다.
마야 문명이 당시 유카탄 반도에서 일어난 이유로는 옥수수 재배의 적지여서 풍부한 식량을 공급할 수 있었으며, 기온이 온화하여 살기 좋은 지역이었기 때문이라고 한다. 마야 문명의 중심지였던 치첸chichen의 어원은 '우물, 샘'이라는 뜻인데, 이는 6,000만 년 전에 유카탄 반도에 운석이 떨어지면서 물이 지하수로 빠져 곳곳에 400여개의 우물Cenore이 있을 정도로 지하수가 풍부하기 때문이다. 원주민인 마야인은 원주민 언어를 사용하면서 아직도 현존하고 있다. 마야인은 키가 140cm 정도로 매우 작고 목이 달라붙어 있고 콧대가 길며, 몽고반점이 나타나는 원주민들도 있다고 한다. 실제 만나 본 마야인들은 동양인의 모습을 지녔음을 엿볼 수 있었다.

마야 문명도 잉카 문명과 유사하게 철, 바퀴, 가축(말)이 없는 문명을 지

1	2
3	

1, 2, 3. 동양인의 모습을 많이 간직한 마야인들

니고 있었으나, 돌을 이용하여 신전을 쌓을 정도로 돌과 매우 인연이 깊은 문명이다. 유네스코 지정 문화재로 널리 알려진 쿠쿨칸 신전Temple of kukulkan은 약 200년 동안 건축한 것으로, 쿠쿨칸이란 말은 이들이 주신으로 숭상하는 깃털 달린 뱀을 말하는 것이다. 이 신전을 비롯한 종합 제사터의 전체 면적은 15km²이다. 이 신전은 천문학적인 면과 과학적인 면에서 신비로움을 주고 있다. 피라미드 형태로 지어진 이 신전은 91계단 × 피라미드 4변 = 364 계단 + 맨 위의 단 = 365 단으로 건축되어 있으며, 마야력인 20진법을 사용(18개월 × 20)+ 5(하늘의 날)하면서 천문학적인 정확성도 갖고 있다. 더 놀라운 것은 에키녹스 현상이 정확하게 나타난다는 것이다. 이것은 춘분과 추분날 4시 경에 그림자가 피라미드에 꾸불꾸불하게 뱀처럼 나타나는 천체적 현상이지만, 마야인들은 자신들이 믿는 쿠쿨칸 신이 꼭 이 시점에 나타나는 것으로 믿었다. 이 신전 계단에 그림자가 비쳐지는 이유는 신전이 정북 방향이 아니라 북서쪽으로 17도가 기울어져 있어서 춘분때 에케녹스 현상이 나타난다는 것이다. 당시 부족장들은 이렇게 그림자가 비춰지는 시점에 사람들을 모아 놓고 신이 나타났음을 알리는 소리를 지르게 되는데, 이곳이 시청각 효과를 내도록 건축되었기 때문에 더욱 커다란 소리로 들려와 몰려든 사람들에게 신에 대한 경이로움과 두려움을 느끼게 하여 부족장의 권위를 알렸다고 한다. 이는 쿠쿨칸 신전의 건축술과 마야력이 들어맞은 작품이라고 볼 수 있다. 치첸이트사chichen itza는 1997년 이탈리아의 테너 가수 루치아노 파바로티Luciano Pavarotti가 마이크를 사용하지 않고 비너스 제단 앞에서 수많은 사람들을 대상으로 하여 노래할 정도로 시청각 효과가 뛰어난 곳이다. 실제로 그 앞에서 소리를 내어 보면 음향 효과가 정말 실감난다. 제단은 석회석과 자갈

1
2
3

1. 쿠쿨칸 신전의 모습

2. 전사의 신전

3. 벽화 위의 그림

을 섞은 콘크리트 양식이며 오로지 가장 위에만 목재를 사용하여 문을 만들었다. 쿠쿨칸 신전 내에 또 다른 2/3 크기의 피라미드가 있는데, 이 피라미드 안에는 용사의 심장을 바치는 곳이 있다고 한다.

이렇게 발달했던 마야 문명이 사라진 이유에 대해서 많은 이야기들이 전해지고 있다. 외세의 침략을 받지 않았음에도 불구하고 이 문명이 사라진 원인은 무엇일까? 이에 대한 해답을 보여 주는 몇 가지 유적들이 남아 있었다. 현재 남아 있는 참혹한 벽화 속의 그림을 보면 그 해답을 엿볼 수 있다. 이 벽화는 전쟁에서 승리한 용사들의 심장을 꺼내어 신에게 바치고, 그 전사의 심장을 재규어와 독수리가 신의 심부름으로 가지러 오는 장면을 그린 것이다. 이렇게 용맹스런 용사들의 심장을 신에게 바치게 함으로서, 수백 년 동안 지도자들이 희생되었기 때문에 이 문명은 멸망하게 되었다는 것이다. 사실 자연 재해나 지진이 없었고 식량도 풍부하였던 지역이었기 때문에 설득력이 있는 견해라고도 보여진다. 이는 아마도 부족들이 세력을 유지하기 위해 부족 간에 전쟁을 일으킨 뒤 승리한 용사나 더 지도력이 있는 우수한 자들의 심장을 꺼내어 신에게 바치도록 하여 자신의 권세를 누리려고 하였을지도 모른다는 생각이 들었다. 쿠쿨칸 신전의 정북 방향에 있는 비너스 제단은 당시 용맹한 전사의 머리를 서쪽 방향(죽음)으로 눕게 하고 심장을 꺼내는 의식이 치루어졌던 곳임을 알려 주고 있다.

이희연 서울대 환경대학원 교수

파나마비에호 유적지에서
놀고 있는 아이들

파나마, 맥주의 천국

코스타리카 산호세에서 2002년 12월 12일 오전 7시 정각 떠난 버스는 오후 2시경 파나마와 코스타리카 국경인 파소 카노아스Paso Canoas에 닿았다. 버스는 감옥처럼 생긴 철조망 안으로 들어갔고 그 곳에서 국경에 남을 사람과 파나마로 넘어갈 사람들이 분류된다. 만석에 입석까지 태운 버스 승객 중 파나마까지 넘어가는 사람은 겨우 열 명 남짓이다. 스위스에서 왔다는 중년의 부부가 스페인어를 몰라 애를 먹는다. 파나마 국경은 어찌 된 일인지, 니카라과 쪽 국경보다 더 열악하다. 덥고 습한 중에 개들과 과이미 인디오들이 아무런 통제 없이 양국 국경 사이를 오간다. 여권이나 신분증은 고사하고 출생 증명마저도 없으니 국경을 통과한다 하더라도 무슨 수로 통제할 수 있을까 싶지만서도, 그렇게 취급되어질 수밖에 없는 그들의 삶이 안타깝다.

파나마 국경 수비대 복장이 눈에 띈다. 누르스름한 상하 복장에 검정색 가죽 베레모, 그리고 기관총인지 엽총인지 모를 상당히 큰 총으로 국경을 통과하는 사람들의 짐을 꾹꾹 찔러 본다. 파나마 비자가 있는 덕에 쉽게 입국이 허락되었다. 그래도 파나마 국경을 넘어서자마자 다시 버스에서 모든 짐을 꺼내 창문 하나 없이 시멘트로 만들어진 험악하게 생긴 방으로 가서 짐 검사를 받는다. 출입국 절차만 꼬박 두 시간이 걸렸다.

파나마 국경을 넘은 다음 그곳에서 다비드David행 버스를 탔고 다행히 날이 어둡기 전에 다비드에 도착했다. 그러나 막상 어디서 잘지를 정하지 못해 잠시 망설이다, 순간 내 앞에서 터미널을 막 떠나려 하는 보케떼Boquete행 버스에 올라탔다. 우리나라 봉고 같은 승합차를 개조해 만든 버스에 콩나물시루처럼 촘촘히 실려 보케떼를 향해 들어가는 길의 석양이 아름답다. 이름도 생소한 보케떼에 내려 여관을 찾아보지만 방이 없단다. 이 시골까지 무슨 일로 사람들이 찾아올까 싶다. 어렵게 숙소를 구했다. 가격이 저렴했다. 하룻밤에 미화 15불. 짐을 내려놓자마자 여관 할아버지가 소개해 준 식당 엘 비네도El Vinedo를 찾아가 간단한 요리와 함께 맥주를 시켰다. 투박한 녹색 병에 담겨 온 맥주 이름이 'PANAMA'다. 국민 맥주인가? 저녁을 먹고 나오는 길에 별이 촘촘히 떴다. 고도가 높아서인지 다소 춥다.

급할 게 무에랴 싶게, 서늘하고 춥기까지 한 보케떼에서 하루를 잘 쉬고 12월 14일 새벽 다시 다비드 버스 터미널에서 파나마시티행 버스에 올랐다. 에어컨이 있어 시원하긴 하지만 차 안이 너무 지저분하다. 게다가 여덟 시간 이상 가는 장거리인데 입석으로 탄 사람도 있다. 정오를 넘어설 즈음 산티아

1. 파나마-코스타리카 국경 풍경. 허름한 이민국 사무소 바로 앞에 펼쳐진 좌판들은 시골 장터를 연상케 했다.

2. 파나마 맥주

고Santiago라는 도시에 들러 운전수와 승객들이 점심을 먹고, 오후 세 시경 파나마시티에 닿았다.

버스에서 내리자 덥고 습한 기운이 확 밀려온다. 100여 년 전 파나마 운하를 건설하던 당시, 수많은 이주 노동자들이 이 더위와 습기 속에 온갖 풍토병에 시달려 죽었다 하지 않던가. '아! 그 파나마에 내가 왔구나' 하는 생각이 절로 든다. 터미널 앞에서 택시를 잡아 타니 운전수가 어디로 갈 것인지 묻는다. 딱히 정해진 숙소가 없으니, 늘 낯선 곳에서 숙소를 택하는 나의 첫 번째 기준, 이글스 그룹의 '호텔 캘리포니아'에 나오는 그 호텔 캘리포니아가 있느냐 물었다. 기사가 답하기를 있기는 한데 두 곳이란다. 한 곳은 하룻밤에 100달러가 넘어간다 하고 또 다른 한 곳은 20달러 정도 한단다. 물론 20달러 하는 곳으로 가자고 했다.

언제 어디서건, 이름만 들어도 가슴이 울렁거리는 '호텔 캘리포니아Hotel California', 이번에도 과연 내 기대를 저버리지 않았다. 아담하지만 쾌적했고, 특히 창 밖으로 태평양 바다를 볼 수 있어 더 좋았다. 씻고 로비에 내려오니, 호텔 전속 택시 기사가 자꾸만 나보고 택시를 타란다. 파나마 운하까지 20달러에 데려다 준단다. 물어보니, 버스를 타고도 갈 수 있다는데, 20달러? 아무리 생각해도 비싸다. 기사 아저씨, 아마도 날 돈 많은 일본인 관광객 정도로 본 것인가? 사람 잘못 봤다.

뜨거운 오후 4시경 무작정 거리로 나섰다. 몸은 본능적으로 바다를 향해 가고 있었다. 의외로 바다가 가까웠다. 태평양이었다. 오른쪽으로는 파나마의 역사가 그대로 녹아 뚝뚝 묻어날 것 같은 구 시가지가, 그리고 왼쪽으로는 홍콩일까 싶은 마천루를 가진 신 시가지가 보인다. 신 시가지 쪽으로 바다를 따라 걷던 중에 가슴이 뭉클해지면서 콧날까지 시큰해지려 한다.

'내가 이곳까지 와 있구나…. 참 출세했네….'

신 시가지에서 저녁을 먹고 돌아오는 길에 태평양 바다 위로 달이 비친다. 생각해 보니 엄마 생신이다. 마음이 착잡해진다. 엄마 환갑날 저녁이다.

숙소로 돌아오는 길에 맥주를 샀다. 이런…. 버드와이저가 미화 50센트다. 물론 다른 맥주들은 더 싸고…. 파나마는 아마도 맥주의 천국이지 싶다. 작은 슈퍼인데도, 세계 각국에서 모인 맥주가 무려 20여 종류가 넘는다. 맥주 냉장고 앞에만 서도 가슴이 흐뭇해지며 행복한 고민의 시간이 깊어진다. 아

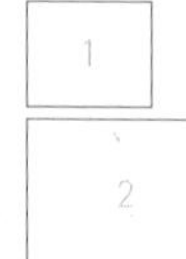

1. 파나마 구 시가지
2. 파나마 신 시가지

무리 생각해도 맥주의 천국이다. 숙소에 들어와 종류별로 사 들고 온 맥주를 마시며 케이블 TV를 시청하였다. 이 또한 천국이다. 에어컨도 있고….

12월 15일 아침에 눈을 떴을 때 이미 해는 중천에 떠올라 있었다. 시간이 어중간하다. 구 시가지 쪽으로 가고자 여관 앞에서 장총을 들고 지키던 젊은 청년에게 물으니, 오히려 나더러 목숨이 몇 개냐 되물으며, 만약 목숨이 하나라면 구 시가지 쪽으로 가지 말라고 충고한다. 다시 신 시가지 쪽으로 휘적휘적 걸었다. '서울집'이라는 한국 식당이 있었다. 더 걸었다. 걷다 보니 과연 우리나라 용산 전자 상가와도 같은 곳이 있다. 잘 되었다 싶어 시계점을 찾아갔다. 며칠 전부터 시계가 건전지가 다 된 모양으로 영 신통치 않더니…. 그런데도 양심적인 시계점 주인은 건전지 때문이 아닌 것 같다며 신중하게 고려한다. 정말 양심적이다. 코스타리카 같았으면 일단 뜯고 봤을 텐데…. 시계의 건전지가 문제인지 알아보려면 근처 다른 곳에 들러 확인을 해야 한다기에 들렀더니 일요일이라 문을 닫았다. 차일을 기약하고 돌아오는 길에 역시나 슈퍼에서 맥주를 사들고 숙소로 들어왔다.

12월 16일 아침에 눈을 뜨자마자 파나마 운하Panama Canal로 가기 위해 나섰다. 일단 구 시가지까지 버스를 타고 가서, 그곳에서 다시 감보아Gamboa행 버스로 갈아타야 한단다. 버스는 의외로 많이 있었다. 미라플로레스Miraflores 수문 입구까지 오는데 총 60센트의 비용이 들었다. 엊그제 택시는 20불이라 했는데… 싸다.

운하를 향해 들어가는 길에 벌써부터 가슴이 두근거린다. 그저 지도상에만 있을 것 같았던 그런, 파나마 운하를 내가 보러 온 것이다. 벌써 배가 들어오는 모양이다. 뱃고동 소리와 여러 소리들이 시끄럽게 어우러져 들려온

1	2

1. 아메리카 다리. 파나마 운하가 시작되는 태평양 연안에서 남미와 북미를 연결하는 아치 모양의 다리다. 때문에 정확히 원어로는 '아메리카들의 다리Puente de las Americas' 이다. 다리의 북단은 북아메리카이고 남단은 남아메리카로 구분된다. 1958년에 착공하여 1962년에 완공하였다. 길이는 1.6km이고 최고 높이는 해발 118m에 달한다.

2. 파나마 운하. 대형 선박이 지나가는 중이다. 태평양에서 진입하여 카리브해를 거쳐 대서양으로 빠져나가는 선박과 그 반대 방향의 선박들이 교행하기도 하기 때문에 2차선으로 되어 있다. 19세기 말 프랑스 자본으로 착공하였으나 1914년 미국이 완공하였다. 완공 직후 계속 미국 정부의 관할 하에 놓여 있었으나 1999년 12월 31일 정오를 기해 파나마 정부에 인도되었다. 일반적으로 대형 선박이 파나마 운하를 통과하는 데 24시간 정도 소요된다.

다. 재게 걷는다. 날은 뜨겁고, 길은 멀다. 그래도 파나마 운하가 바로 코 앞인데…. 더운 줄도 모르고 재게 걷는다.

파나마 운하 앞에 섰다. 기분이 묘하다. 웅장하거나 거대한 것은 아니지만, 파나마 운하 그 자체만으로도 가슴이 뭉클하고 감동스러워진다. 배가 지나간다. 직원 한 명이 마이크를 들고 관광객들을 위해 스페인어와 영어로 설명을 해 준다. 여러가지 재미있는 사실들이 많다. 그 중 가장 재미있었던 것은 파나마 운하의 대서양 쪽 입구가 서쪽에 있는 태평양 쪽 입구보다 경도상 서쪽으로 22.5마일 치우쳐 있다는 것이었다.

오전에 파나마 운하를 보고 다시 구 시가지로 돌아와 점심을 먹고, 이번엔 카스코 안티구아Casco Antiguo 쪽으로 가보기로 했다. 택시를 타니, 1불이란다. 가는 길이 정말 재미있다. 선창을 지나고, 빈민가를 돌고 돌아 기사는 나를 프랑스 광장Plaza de Francia에 내려 놓는다. 앞이 툭 트인 바다다. 왼쪽으로 신 시가지, 오른쪽으로 파나마 운하의 입구에 걸린 아메리카 다리Puente de las Américas가 보인다. 프랑스 광장을 한 번 돌고 구 시가지로 들어선다. 집은 모두 3층 이상이다. 사람들이 벽에 바짝 붙어서 걷는다. 처음엔 왜 그럴까 싶었는데, 역시 걸어 보니 알겠다. 그 옛날에 지어진 집 안에는 도대체 배수 시설이란 것이 없는 것인지, 2층, 3층 집 안에서 길 쪽으로 물도 버리고, 휴지도 버리고, 오만 것을 다 버리는 모양이다. 그것을 피하려면 그저 벽에 바짝 붙어 걸을 수밖에….

해가 질 무렵, 택시를 타고 500여 년 전 파나마 도시가 처음 건설된 흔적이 남아 있다는 파나마비에호Panama Viejo를 찾았다. 얼추 파나마비에호에 도착하는가 싶더니, 그 입구부터 쓰러져 가는 흙담들이 나타나기 시작한다. 그중 압권은 저 멀리 허물어지는 가운데서도 여전히 우뚝 선 채 석양을 받고 있는 흙으로 만들어진 종루다. 입장권을 사니, 관리인은 오늘 내가 첫 손님이라며 나한테 지극히 친절하다. 주변을 순찰하던 경찰들도 동양인에 대한 관심을 보인다. 문 닫을 시간에 그 안에 입장료를 내고 들어간 손님은 나 하나뿐이었다. 들어가 보니, 온 동네 아이들이 울도 담도 없는 뒤쪽으로 들어와 그냥 동네 앞마당인 듯 놀고 있었다. 그 늦은 시간에 내가 첫 손님인 것이 충분히 이해되고도 남았다.

1 2

1. 파나마비에호 유적. 1519년 스페인인이 건설한 파나마 최초 도시의 흔적이다. 유럽인이 태평양에 건설한 최초의 도시이기도 하다. 1532년 페루의 잉카 문명을 정복하기 위한 전초 기지 역할을 하기도 했으나 1621년에 있었던 지진으로 인해 폐허가 되었다.

2. 파나마비에호 유적지에서 놀고 있는 아이들

마치 천년 고도에 혼자 서 있는 느낌이 들어, 시간 가는 줄 모른 채 있다가, 바닷가를 따라 그리 멀지 않은 곳에 박물관이 있다고 해서 그 곳을 향해 걷기 시작했다. 박물관을 향한 길은 한적한 바닷가에 면한 길이다. 사람 한 명 없는 길을 얼마쯤 걸었을까? 박물관이 저 앞에 보이는데, 갑자기 웬 꼬마 하나가 다가오면서 1달러를 달라고 한다. 그리고 이유를 묻기도 전에 한다는 말이, 이곳은 관광객을 상대로 털어먹는 갱 조직이 많은데, 내가 만약 자기에게 1달러를 주면 나를 안전한 곳으로 안내해 주고, 그렇지 않으면 동네 갱 조직들에게 여기에 먹잇감이 있다고 말하겠단다.

순간적으로 겁이 조금 났지만, 이런 괘씸한 경우가 있나. 일부러 태연한 척 하면서, 마침 조금 전 입장료를 할인받기 위해 제시하고 주머니에 넣어 두었던 국제학생증을 꺼내 보여 주고는 그 꼬마에게 내가 누군지 아느냐 물었다. 영어로 쓰여진 국제학생증을 알 리 없어 순간 멀뚱한 채 서 있는 꼬마에게 "이것이 국제경찰 신분증이고, 나는 지금 파나마에서 도둑을 찾고 있는 중이다"라 하니, 순간 꼬마 얼굴이 굳어지면서 대뜸 묻는 말이 쿵후를 할 수 있느냔다. 기왕 뻥을 친 것, 건방진 말투까지 섞어 쿵후는 물론이고 태권도에 가라데까지 할 수 있다고 했다.

꼬마는 금방이라도 울 것 같더니, 이내 삼십육계 줄행랑을 놓기 시작한다. 도망가는 꼬마가 불쌍하기도 해서 불렀다. 일부러 건방지게 "헤이, 꼬맹이. 이리 와 봐." 겁을 잔뜩 먹은 채 꼬마가 쭈뼛거리며 다시 온다. 돈을 주면 무엇을 할 거냐고 물으니, 배가 고파 밥을 사먹고 싶단다. 50센트를 줬다. 처음부터 공손하게 나왔으면 내가 2달러 정도는 줬을 텐데….

꼬맹이가 줄행랑을 놓고 난 후 혹시나 싶어 나 역시 줄행랑에 가까운 잰걸음으로 걷고 있는데, 이번에는 한 무리의 경찰들이 자전거를 타고 헐레벌떡 나를 쫓아온다. 무슨 일 난 줄 알았다. 경찰들이 일시에 나한테 와서 멈추더니, 아주 심각하게 정말 국제 경찰이냐고 묻는다. 꼬맹이가 겁을 먹어도 너무 먹은 나머지 갱 조직에게 가는 대신 동네 경찰서로 갔는가 보다. 자초지종을 설명하고 석양이 지는 바닷가에서 경찰도, 나도 낄낄낄 웃었다. 덕분에 경찰 자전거 뒤에 탄 채 박물관까지 갈 수 있었고 박물관 관람이 끝난 후에 경찰들이 일렬로 줄을 서서 택시를 잡아 주었다. 어지간한 호사였다.

저녁 늦게 숙소로 돌아왔다. 내일이면 파나마를 떠난다. 언제 다시 파나마에 올 수 있을까? 마지막 밤이다. 캘리포니아 호텔에 딸린 '바 캘리포니아'에 내려가 맥주를 시켰다. 역시나 종류도 많다. 이 생각, 저 생각, 음악도 좋고, 분위기는 더욱 좋고…. 파나마의 수도, 파나마라는 도시. 우연히 찾아온 곳인데 내게 참 많은 것을 보여 준 도시다. 신 시가지, 구 시가지, 유적지, 운하, 그리고 국민 맥주 'PANAMA'를 비롯한 수십 종류의 맥주와 이 아름다운 호텔 캘리포니아까지…. 어렸을 때 지도를 보고 대륙을 끊어 바다를 잇는다는 '운하'라는 개념을 처음 익히며 어지간히 가슴이 두근거렸었다. 지도상에는 있다 해도 차마 내가 볼 수 있으리라고는 생각지 못했던 파나마 운하, 그 운하를 보고 와서 파나마시티의 태평양에 면한 호텔 켈리포니아 바에 앉아 파나마 맥주를 마시고 있으니 참 감사한 일이다. 초록 병에 담긴 파나마 맥주를 앞에 둔 채 아르헨티나 가수 메르세데스 소사Mercedes Sosa의 「삶에 감사해Gracias a la vida」 노래를 흥얼거려 본다.

임수진 멕시코 콜리마 대학 교수

위에서 내려다본 마추픽추

페루의 쿠스코, 마추픽추는 어디를 가나 수수께끼 투성이

라틴 아메리카의 고대 문명 하면 떠오르는 것이 잉카 문명이다. 잉카 문명은 9세기에 시작되어 1430년대 전성기를 이루었다가 1534년 스페인의 피사로에 의해 멸망하였다. 현재 페루의 중앙부에 위치하고 있는 잉카 제국의 수도 쿠스코Cuzco : Cusco는 해발 3248m에 있는 고산 도시이다. 그동안 2차례의 지진으로 잉카 문명의 상당수는 파괴되었다.

잉카 문명의 특징은 태양을 숭상하였다는 것이다. 따라서 황제들은 태양의 아들이라고 불리웠고 잉카에게 바쳐진 여인들은 한평생 옷을 짜면서 지냈다고 한다. 잉카 시가지를 둘러싸고 2개의 강이 흐르고 있으며, 중앙에 태양의 신전이 있으며, 도로의 이름도 태양의 길이다. 잉카 문명의 수준은 다른 문명에 비하면 다소 떨어지는 것으로 평가되고 있다. 이는 잉카인들이 글자나 철기, 화약, 바퀴를 사용할 줄 몰랐기 때문이다. 그럼에도 불구하고 잉카인들은 찬란한 문화를 꽃피우고 강한 군대를 유지했다. 잉카 문명의 유적지를 돌아보면서 가장 감탄한 것은 잉카인이 돌을 다루는 기술이었다. 그들은 20톤이나 나가는 돌을 바위산에서 잘라내 수십 km 떨어진 산 위로 날라다가 신전과 집을 지었다. 돌과 돌을 이어서 건축하였지만, 수차례의 지진에도 불구하고 전혀 움직임 없이 돌을 쌓았다는 사실에 정말 놀라지 않을 수 없었다. 외적의 침입을 막기 위해 3대 왕에 걸쳐서 약 80년 동안 구축하였다는 성벽에서도 놀라움을 감출 수 없었다. 이들은 돌덩어리를 사용하여 성벽을 쌓았는데 그 무게가 수백 톤이 넘는 돌들이 많았다. 해발 3000m가 넘는 지역에 엄청난 무게의 돌을 운반하여 성벽을 쌓았다는 것은 경이로울 정도였다. 과연 그 당시 어떻게 바퀴를 사용하지도 않으면서 여기로 돌을 운반하였을까 궁금하였다. 알고 보니 이 지역은 과거 바다였으나 지각 운동으로 인해 융기된 지역이라는 것이다. 자세히 보니 산 중턱에서는 지금까지도 소금을 채굴하고 있었다. 쿠스코에는 많은 관광객들이 찾아오고 있으며, 티코가 택시로 이용되기도 하고 LG 광고판을 거리에서 쉽게 찾아볼 수 있어 한국이 페루에서도 상당히 알려져 있음을 엿볼 수 있었다.

이렇듯 강성했던 잉카 제국은 겨우 100여년 만에 스페인 군대에 허망하게 무너지고 말았다. 쿠스코를 방문하는 사람들이 가장 가고 싶어 하는 곳

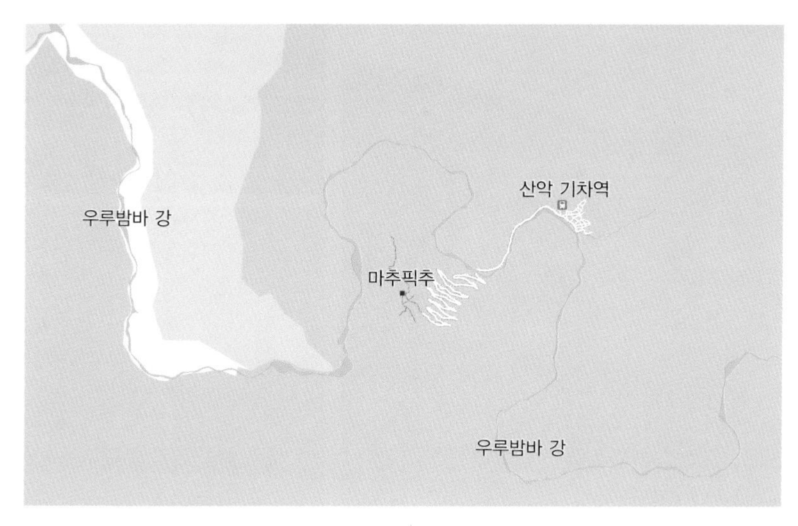

마추픽추 가는 험난한 길

은 세계 7대 불가사의 중의 하나이며, 잉카 문명의 자취를 고스란히 볼 수 있는 안데스 산맥 밀림 속 해발 2280m 바위산 꼭대기에 있는 마추픽추Machu Picchu이다. 쿠스코에서 우루밤바 강Urubamba River을 따라 114km 내려간 지점에서 다시 400m 올라가면 마추픽추에 이르게 되는데, 쿠스코에서 산악 열차를 타고 안데스 산맥의 협곡을 따라서 3시간 정도 가야 한다. 마추픽추는 1911년 7월 24일, 미국의 하이램 빙엄 교수에 의해 발견되었다. 발견되기 전까지 수풀에 묻힌 채 아무도 그 존재를 몰랐기 때문에 마추픽추는 '잃어버린 도시' 또는 '공중 도시'라고 불리기도 한다. 공중 도시라 불리는 이유는 산과 절벽, 밀림에 가려 밑에선 전혀 볼 수 없고 오직 공중에서만 존재를 확인할 수 있기 때문이다. 사실 마추픽추를 실제로 올라가기 전까지는 그 아래 주차장

1, 2, 3. 정교하게 다듬어진 돌로 만든 벽

에서 표를 사기 위해 기다리면서도 과연 어떤 모습일까를 상상하기 매우 어려웠다. 그러나 산꼭대기로 올라가서 보니까 계곡이 다 내려다보이면서 매우 전망이 좋았다. 하지만 아래 계곡에서는 어디에서 올려다보아도 산 위에 있다는 도시는 도저히 보이지 않았고, 주변은 열대 밀림으로 둘러싸여 있어 접근조차 어려웠을 것임을 가히 짐작하게 하였다.

우리는 비탈에 납작 붙어서 아래로 흙이 무너지지 않도록 땅에 손가락을 꽂은 뒤 미끄러운 풀을 밀어 헤치면서 몸을 위쪽으로 끌어올렸다. 아득한 낭떠러지 저 아래에서는 우리가 밧줄을 잡고 건너온 우루밤바 강의 성난 급류가 하얀 거품을 일으키고 있었다.

미국 예일 대학에서 라틴 아메리카 역사를 가르치던 당시 35세의 하이램 빙엄이 마추픽추를 발견한 1911년 7월 24일의 일을 기록한 글이다. 탐험대는 빙엄과 그의 대학 동료 두 사람, 통역과 길 안내를 맡은 페루군 하사관 1명, 거기에 노새 몇 마리. 그들은 잉카 제국의 마지막 수도였던 빌카밤바 Vilcabamba를 찾으려고 들끓는 모기와 지독한 더위와 위험한 급류를 무릅쓰고 우루밤바 강을 따라 폐허들을 모조리 조사하고 있었다. 어느날 일행이 빌카밤바 계곡에서 야영하고 있을 때 한 인디언이 나타나 그들의 바로 앞에 있는 깎아지른 듯이 솟은 바위산 등성이에 거대한 폐허가 있다고 알려 주었다고 한다. 이것이 계기가 되어 마추픽추를 발견하게 되었다고 한다. 마추픽추가 발견될 당시 150명의 해구가 남아 있었으며, 그 가운데 135명은 여자 시신이었던 것으로 알려져 있다. 1911년 빙엄이 왕궁과 신전 등을 복원한 뒤로 1956년부터 시작된 대규모 발굴과 복원이 1974년에 끝나면서 마추픽추는 아메리카 대륙에서 최고로 손꼽히는 고대 유적 관광지가 되었다.

마추픽추는 총면적이 5km²으로 도시 절반 가량이 경사면에 세워져 있고 유적 주위는 성벽으로 견고하게 둘러싸여 완전한 요새의 모양을 갖추고 있다. 마추픽추에는 약 1만여 명이 거주하였던 것으로 추정되고 있으며, 산꼭대기의 가파르고 좁은 경사면에 들어서 있어 스페인 정복자들에 의해 파괴되지 않은 채 그대로 옛 모습을 간직한 유일한 잉카 유적이다. 이 도시가 건설된 정확한 연대는 알 수 없으나 대략 2000년 전으로 추측되고 있다. 이곳에는 태양의 신전, 산비탈의 계단식 밭, 지붕 없는 집, 농사를 짓는 데 이용된 태양 시계, 콘돌 모양의 바위, 물 저장소, 피라미드 등의 유적이 남아 있다. 특히 화강암으로 만들어진 직경 10.5m의 태양 시계를 통해 당시 시간과

1 2
3

1, 2. 직경 10.5m의 화강암으로 된 이 돌로 시간과 방위를 측정하였다고 한다.

3. 위에서 바라본 마추픽추 전경

방위를 알았다고 한다. 그 돌이 지금까지도 그대로 보존되고 있다. 중앙 프라자를 중심으로 하여 왼쪽은 귀족들이, 오른쪽은 평민이 살았다고 한다. 도시는 U자형으로 만들어져 있었다.

마추픽추에서 가장 눈길을 끄는 것은 도시를 건설한 높은 수준의 건축 기술이다. 커다란 돌을 다듬는 솜씨가 상당히 정교하다. 각 변의 길이가 몇 m나 되고 모양도 제각각인 돌들을 정확하게 잘라 붙여서 성벽과 건물을 세웠다. 종이 하나 들어갈 틈도 없이 단단히 붙어 있다. 젖은 모래에 비벼서 돌의 표면을 매끄럽게 갈았다고 하는데, 이 방법은 지금도 풀리지 않고 있어서 이 곳이 세계 7대 불가사의 중의 하나가 된 이유라고 한다. 평야가 적어 산비탈을 계단처럼 깎아 계단식 밭을 만들고 옥수수를 경작하였으며, 여기에 배수 시설까지 갖추고 있었다.

이렇게 우수한 문명을 갖춘 이 도시가 갑자기 소멸된 이유가 무엇일까? 많은 궁금증을 안고 버스로 굽이굽이 계곡을 돌면서 하산하는 길을 어린 아이들이 달려서 우리와 함께 내려오고 있었다. 마치 곡예라도 하는 것처럼 최대 속력으로 달려 내려오더니, 버스 하차하는 지점에 정확히 도착해서는 묘기를 보여준 댓가로 팁을 달라고 한다. 애처롭고 안타까움이 교차하는 가운데 넉넉한 마음으로 돈을 주는 승객들의 모습도 관광의 일 면모이다.

이희연 서울대 환경대학원 교수

맺음말

'여행'이라는 단어는 듣기만 해도 설레지만, '지리'라는 단어는 그리 매력적이지는 못한 것이 사실이다. 오죽하면 '지리지리한 지리'라는 우스개 소리가 있을까. 일반인들은 지리라고 하면 강 이름, 산 이름, 세계 여러 나라의 수도를 외우고 이해하기도 어려운 지리 용어를 접하는 따분한 과목이라는 생각을 하곤 한다. 그리고 지리학을 전공하는 이들은 과연 무엇을 공부하는지에 대해 가끔 질문을 받기도 한다. 이 책은 지리학을 전공한 이들, 특히 지리학을 전공한 여성들이 여행지에 대해 무엇을, 어떻게 이해하고 느끼는지를 담았다.

이 세상에 똑같은 사람이 없듯이 이 세상에 같은 장소는 없다. 모든 장소는 나름의 자연 환경과, 역사, 문화를 지니며 무엇보다도 그곳에 사는 이들의 삶이 배어 있다. 따라서 지리학자들에게는 모든 장소가 나름의 의미를 지닌다. 잘 알려진 관광지도 중요하지만 사람이 사는 모든 곳은 의의가 있으며 다른 이들에게 잘 알려지지 않은, 즉 미지의 곳이라면 더욱 호기심이 동한다. 따라서 이 책은 되도록 일반 여행객들이 즐겨 찾지 않는 장소를 중심으로 구성하고자 하였다. 또한 이 책의 여러 저자들의 전공이 매우 다양하기에 같은 지역에 대해서도 각기 다른 시각으로 바라보고 있다. 한편 지리학자로서 여성들은 남성에 비해 현장 답사에서 제약이 있는 것이 사실이나 여성이기에 가질 수 있는 섬세한 관찰력, 여성 특유의 시선은 여성지리학자들이 갖는 또 하나의 장점이라 할 수 있을 것이다. 이 책의 이러한 특성은 세계 여러 지역을 기존의 여행서들과는 다른 시선으로 이해하는데 도움을 줄 것이며, 나아가 우리의 삶을 이해하는 데 도움을 주리라 생각한다.

이 책에 참여한 여성지리학자들은 은퇴하신 원로 지리학자로부터 이제 막 학문의 길에 접어든 석사과정 학생까지 연령대도 다양하고 전공분야 또한 지리학 대부분의 영역에 걸쳐 있다. 따라서 여성지리학자들의 여행기를 모아 책으로 엮자는 의견이 처음 제시되었을 때, 긍정적인 의견과 함께 너무 산만하지 않을까 하는 우려도 있었다. 원고를 취합하다 보니 어떤 글은 일반 대중을 대상으로 하기에는 다소 딱딱해 보였고 어떤 글은 비교적 감상적이었다. 통일된 형식 없이 오로지 여성지리학자들이 썼다는 한 가지 공통점만을 지닌 글들을 모아 놓았을 때 과연 그것이 제대로 된 책이 될까 하는 조바심이 들기도 했다. 그러나 지역을 연구하는 것을 업으로 삼는 여성들 나름의 고유한 '지리학자의 시선'이 모든 글을 일관된 맥락으로 엮고 있었다. 교정본을 받아보니 지역을 연구하는 이들, 특히 여성들이 본 세계의 여러 지역에 관한 글들이 모여 꽤 볼만 한 것이 되어 있었다.

이 책의 출판을 위해 힘써 주신 여성지리학자 김선기 푸른길 출판사 사장님께 감사드린다. 또한 집필진이 40여 명이나 되다 보니 원고의 취합과 교정만도 매우 큰일이었을 텐데도 차분하게 일을 진행해 주신 이유정 선생님께도 고맙다는 말씀을 드리고 싶다. 그리고 무엇보다도 훌륭한 원고와 사진을 투고해 주신 41인의 여성지리학자들께 이 기회를 빌어 감사의 마음을 전한다.

2011년 7월

대표 저자 김희순

세계의 틈새를 보고 온
41인의 여성지리학자 명단

강창숙 | 충북대 지리교육과 교수

김다원 | 까치울 중학교 교사

김민지 | 고려대 지리학과 대학원생

김부성 | 고려대 지리교육과 교수

김선희 | 성신여대 지리학과 강사

김숙진 | 건국대 지리학과 교수

김양자 | 명지대 강사

김일림 | 상명대 교육개발센터 책임연구원

김재행 | 고려대 지리학과 대학원생

김이재 | 경인교대 사회과교육과 교수

김혜숙 | 한국교육과정평가원 부연구위원

김희순 | 서울대 라틴아메리카연구소 HK연구교수

류주현 | 공주대 지리교육과 교수

박선미 | 인하대 사회교육과 교수

박선희 | 영국 뉴캐슬대학 방문 연구원

박숙희 | (주) 자이안 회장

백선혜 | 서울시정개발연구원 연구위원

성운용 | 성신여대 지리학과 강사

성효현 | 이화여대 사회생활학과 교수

송효진 | 국토연구원 연구원

윤순옥 | 경희대 지리학과 교수

윤옥경 | 청주교대 사회과교육과 교수

이승아 | 한국교육개발원 연구원

이영희 | 중국 마카오 과학기술대학 교수

이윤호 | 영락고 교사

이은숙 | 상명대 지리학과 명예교수

이자원 | 성신여대 지리학과 교수

이현욱 | 전남대 지리학과 교수

이현주 | 한국토지주택공사 LH연구원 연구위원

이혜은 | 동국대 지리교육과 교수

이희연 | 서울대 환경대학원 교수

임수진 | 멕시코 콜리마 대학 교수

임은진 | 공주대 지리교육과 교수

장영원 | 고려대 지리학과 대학원생

장은미 | (주)지인컨설팅 대표이사

전경숙 | 전남대 지리교육과 교수

정희선 | 상명대 지리학과 교수

정은혜 | 경희대·상명대 지리학과 강사

조혜진 | 한국건설기술연구원 연구위원

최수미 | 고려대 지리학과 대학원생

황유정 | 청주대 지리교육과 교수